Cours d'Agriculture

COURS
d'Agriculture

COMPRENANT :

1° UN RÉSUMÉ

2° QUARANTE-CINQ LECTURES DÉVELOPPANT LES POINTS
LES PLUS IMPORTANTS DU RÉSUMÉ

3° DES EXPÉRIENCES NOMBREUSES ET TRÈS SIMPLES

PAR

J. TRÉVET

INSPECTEUR PRIMAIRE
OFFICIER DE L'INSTRUCTION PUBLIQUE

RENNES
LIBRAIRIE-PAPETERIE PRIAUX-GOUDAL
5, RUE D'ORLÉANS, 5

1898

Préparation à l'Examen du Certificat d'Études Primaires

COURS d'Agriculture

COMPRENANT :

1° UN RÉSUMÉ
2° DES LECTURES DÉVELOPPANT LES POINTS LES PLUS
IMPORTANTS DU RÉSUMÉ
3° DES EXPÉRIENCES TRÈS SIMPLES

PAR

J. TREVET

INSPECTEUR PRIMAIRE
OFFICIER DE L'INSTRUCTION PUBLIQUE

RENNES
LIBRAIRIE-PAPETERIE PRIAUX-GOUDAL
5, RUE D'ORLÉANS, 5
1897

AVANT-PROPOS

————

Nous n'avons pas attendu les instructions ministérielles du 4 janvier 1897 pour inscrire à plusieurs reprises à l'ordre du jour de nos conférences pédagogiques la question capitale de l'enseignement de l'Agriculture dans nos écoles.

Les travaux de nos collaborateurs, l'expérience que quelques-uns ont acquise dans la direction intelligente de champs d'expériences, nous ont été d'un utile secours dans la composition de ce modeste travail. Nous aimons à croire qu'il rendra quelques services et qu'il contribuera à donner aux enfants de nos campagnes le goût et l'intelligence des choses agricoles.

Il va sans dire que dans tous les faits pris sur le vif, les maîtres éviteront soigneusement d'éveiller de justes susceptibilités et de froisser certains amours-propres. Ils useront en toute circonstance de la délicatesse et du tact qui leur sont habituels et ils sauront dire les choses sans blesser les personnes.

Cours d'Agriculture

I

RÉSUMÉ D'AGRICULTURE

Sol. Sous-Sol.

L'agriculture est la science au moyen de laquelle nous nous efforçons d'obtenir des plantes et des animaux les produits les plus avantageux.

Le cultivateur doit connaître le sol qu'il est appelé à féconder.

Le sol au-dessous duquel se trouve le sous-sol, c'est la terre arable, c'est-à-dire la terre que l'on peut cultiver.

Il renferme du sable, de l'argile, du calcaire, du terreau ou humus. On dit qu'il est sableux ou siliceux, lorsque le sable y domine; argileux, lorsque c'est l'argile; calcaire, lorsque le calcaire l'emporte sur les autres éléments.

Une terre franche est composée dans des proportions convenables de ces divers éléments.

Les terrains tourbeux sont formés par de l'humus incomplètement décomposé par suite de l'humidité.

La terre siliceuse ou terre légère est la terre à seigle. Elle est favorable également au maïs, à l'avoine, aux haricots, aux plantes fourragères, carottes, betteraves, etc.

La terre argileuse ou terre forte est la terre à froment. La luzerne, le trèfle, le colza y viennent bien.

La terre calcaire est la terre à orge, favorable en même temps au froment, à l'avoine, au sainfoin, à la luzerne.

La terre tourbeuse est propre à la culture des navets, des choux, des rutabagas.

Le sous-sol, par sa composition, peut modifier heureusement le sol et lui donner le sable, l'argile ou le calcaire qui lui manque. S'il est perméable, il absorbe le trop d'humidité du sol, et il lui rend cette humidité en cas de sécheresse. Un sous-sol imperméable nuit particulièrement aux terres fortes.

Travaux des Champs.

La terre a besoin d'être travaillée, amendée, engraissée pour donner de bons produits.

Le défrichement a pour but de mettre en culture des terrains improductifs. Il doit se faire en hiver, alors que l'humidité du sol permet l'usage des instruments aratoires. Le sarrazin réussit très bien dans un sol nouvellement défriché.

L'écobuage consiste à peler la surface du sol couverte de mauvaises herbes et à brûler le tout après l'avoir fait sécher. On répand ensuite les cendres sur la terre et on laboure.

Le drainage rend la fertilité à un terrain trop humide, en lui enlevant l'excès d'eau qu'il contient.

L'irrigation, au contraire, procure au sol l'eau nécessaire à la végétation. Elle est utilement pratiquée dans les pièces de terre traversées par des cours d'eau.

Amendements.

Un amendement consiste à donner à la terre l'élément qui lui manque. Un amendement sableux rend une terre argileuse moins compacte et réciproquement.

Les amendements calcaires, comme le chaulage, le plâtrage, le tanguage, sont les plus importants.

La chaux est le produit de la calcination, dans des fours, du calcaire ou carbonate de chaux. On distingue la chaux grasse, la meilleure de toutes pour l'amélioration du sol, la chaux maigre et la chaux hydraulique. Cette dernière ne peut être utilisée en culture.

On emploie la chaux en composts, c'est-à-dire qu'on la mélange avec des feuilles foulées aux pieds, des boues, de la terre. Elle convient aux terres froides.

Le chaulage se fait avant les semailles d'automne ou de printemps. Si on abuse de la chaux on épuise la terre, et c'est en abuser que de l'employer à haute dose sans répandre une fumure correspondante.

Le plâtre convient parfaitement aux légumineuses, aux choux, aux luzernes.

La tangue nous vient des grèves du Mont Saint-Michel. Elle agit comme la chaux; il en est de même de la marne; mais leur efficacité est moindre et elles doivent être employées en plus grande quantité que la chaux.

Engrais.

Outre le carbone puisé dans l'air par les feuilles, et l'eau absorbée par les racines, l'azote, l'acide phosphorique, la potasse et la chaux entrent pour une grande partie dans la composition des plantes et celles-ci ne peuvent que les emprunter au sol. Chaque récolte enlève donc à la terre une partie de ces éléments. Nous venons de voir comment on lui rend la chaux qui lui manque. Ce sont les engrais qui lui restituent les autres éléments.

Les engrais se divisent d'après leur provenance en quatre catégories : 1° Engrais végétaux; 2° Engrais animaux; 3° Engrais mixtes ou fumiers; 4° Engrais minéraux.

1° *Engrais végétaux.* — Les engrais végétaux comprennent les engrais verts, les varechs, les goëmons, les marcs, les tourteaux.

Certains végétaux puisent une partie de leur nourriture dans l'air et le sous-sol. Enfouis dans le sol quand ils sont en fleurs, ils l'enrichissent, puisqu'ils lui rendent plus qu'ils ne lui ont pris.

Les algues marines, les varechs et les goëmons, recueillis au bord de la mer, sont riches en soude et en potasse, ils conviennent particulièrement aux pommes de terre.

Les marcs de pommes et de raisins sont riches en potasse et en azote.

Les tourteaux sont des résidus de graines oléagineuses dont on a extrait l'huile. On les réduit en poudre avant de les employer.

On utilise également comme engrais verts les drêches des brasseries et la tannée.

2° *Engrais animaux.* — Les déjections humaines ont une action très puissante sur la végétation. On les dédaigne beaucoup trop au détriment de la salubrité publique. Elles apportent beaucoup d'azote au sol et sont employées avec succès sur les plantes qui ne craignent pas la verse. Ces matières desséchées forment de la poudrette.

Les fientes de pigeons et de poules, qu'on appelle colombine, ne conviennent pas aux céréales, à cause des mauvaises graines.

Le guano, formé par les déjections d'animaux pêcheurs et des débris de poissons dans les îles du Pérou, convient aux prairies et aux céréales. Quand on y mélange des os, on l'appelle phospho-guano.

Le noir animal provient d'un mélange de sang desséché et d'os calcinés en vase clos, ayant servi à la clarification du sucre. Il produit de bons effets dans les terres de défrichement.

3° *Engrais mixtes et Fumiers.* — Les engrais mixtes sont un mélange des excréments solides et liquides des animaux avec la litière. Il importe que celle-ci soit douce et ait un grand pouvoir absorbant. Les pailles et les balles sont les meilleures litières. Puis viennent les feuilles, les fougères, les bruyères, les sciures de bois blanc.

Le fumier est un engrais complet, c'est la richesse de la ferme. Il ameublit les terres fortes et donne du corps aux terres légères.

Les chevaux devraient être nettoyés tous les jours, les bêtes à cornes trois fois par semaine, les moutons une fois par mois. Tout cet engrais forme le tas de fumier qui doit être déposé en couches régulières, à l'abri du soleil et des lavages des pluies, sur un sol imperméable et en pente, de façon que les liquides se rendent dans la fosse à purin. On arrose de temps à autre le tas de fumier avec ce purin à l'aide d'une pompe.

Le fumier s'emploie à deux époques, en automne et au printemps. Au lieu de fumer directement une céréale, il vaudrait mieux employer le fumier sur la culture qui précède.

4° *Engrais minéraux.* — On ne doit pas les employer seuls. Comme complément du fumier, ils produisent d'excellents effets.

Parmi les engrais azotés, les plus employés sont le nitrate de soude et le sulfate d'ammoniaque. Le nitrate de soude convient bien aux céréales en souffrance à la sortie de l'hiver. Il a l'avantage d'agir vite. Le sulfate d'ammoniaque s'emploie à l'automne. Il faut l'employer avec discrétion si l'on craint la verse.

Les engrais phosphatés comprennent le phosphate naturel, le superphosphate, le phosphate précipité et les scories de déphosphoration. Les plus avantageux sont le phosphate naturel et les scories de déphosphoration.

Les cendres, les suies, le chlorure de potassium qui s'extrait des eaux mères des marais salants, le sel de Stassfurt forment ce qu'on appelle les engrais potassiques, qu'on emploie avec succès dans les sols tourbeux et pour la culture de la betterave.

Mais les fraudes commises par les vendeurs d'engrais minéraux empêchent les cultivateurs de les employer aussi souvent qu'il le faudrait. La loi du 4 février 1888 punit les fraudeurs. Toutefois, pour plus de sécurité, les cultivateurs feront bien de s'associer à un syndicat agricole qui leur procurera de bons engrais à des prix réduits.

Culture du Sol.

La culture du sol le met en état de produire. Elle comprend les labours, les hersages, les roulages, les buttages, les binages, les sarclages.

Les labours consistent à retourner la terre.

Les labours se font en billons, en planches, ou à plat. Les labours en billons se pratiquent lorsqu'il y a peu de fond de terre. Ce système sacrifie une partie du terrain, mais il favorise l'écoulement des eaux, les sarclages et les binages.

Avec les planches, il y a moins de terrain perdu.

Le labour à plat emploie tout le terrain. Il doit être préféré aux autres, lorsque le sol n'est pas trop humide et est assez profond.

C'est avec les charrues qu'on effectue les labours. Les principales parties de la charrue sont le soc, le versoir, le coutre, les mancherons, le tout soutenu par une traverse de bois appelée âge à l'avant et sep à l'arrière.

La herse sert à briser les mottes, à enlever les mauvaises herbes, à enterrer les semences. On distingue la herse triangulaire et la herse articulée.

Le rouleau écrase les mottes et tasse la terre. Le plus estimé est le rouleau articulé, composé de disques mobiles en fonte.

La houe à cheval est employée pour le binage des plantes. Elle se compose de dents en forme de socs.

L'extirpateur a plus de socs que la houe à cheval. On l'emploie après la moisson pour le déchaumage. Les dents du scarificateur sont des coutres qui détruisent les mauvaises herbes.

Le binage ameublit la terre ; le buttage accumule la terre au pied des plantes ; le sarclage débarrasse le sol des mauvaises herbes.

Les Semailles.

Le plus grand souci du cultivateur, avant d'ensemencer, doit être de bien choisir ses graines.

La bonne qualité d'une graine se reconnaît à son poids, à sa grosseur, à son brillant, à l'absence d'odeur.

Pour se rendre compte des qualités germinatives d'une graine, on en dispose un certain nombre dans du coton ou entre deux morceaux de drap mouillé au fond d'une assiette. On entretient l'humidité et une chaleur modérée. Les bonnes graines poussent et les autres pourrissent.

Il est tout naturel que les terres pauvres soient ensemencées avant les terres riches, les terres fortes avant les terres légères et moins profondément.

Les semailles se font à la volée ou au semoir. Avec ce dernier on économise la semence et on obtient plus de régularité dans les distances et la profondeur.

Récoltes.

Si tu veux du blé, fais des prés. Le foin nourrit le bétail qui donne le fumier avec lequel on obtient de bonnes récoltes.

On distingue deux sortes de prairies : les prairies naturelles ou permanentes, et les prairies artificielles ou temporaires.

Les prairies naturelles se forment spontanément. Leur gazon se compose de graminées et de légumineuses.

Les prairies artificielles sont celles que l'homme crée en semant du trèfle, de la luzerne, du sainfoin, etc. Elles durent ordinairement plusieurs années.

L'herbe des prairies naturelles et artificielles se fauche quand le plus grand nombre des plantes sont en pleine fleur, à l'aide d'une faux ou d'une faucheuse mécanique. L'herbe devra toujours être coupée le plus près possible du sol.

On fane avec une fourche ou une faneuse mécanique. Le soir, on forme les meulons pour éviter l'humidité de la nuit.

Lorsque le foin est bien sec, on le rentre.

La récolte des céréales comme le blé, le seigle, l'orge, l'avoine, le maïs, le millet, le sarrazin ou blé noir, s'appelle moisson.

La majeure partie des grains étant mûre, la récolte de ces céréales se fait au moyen de la faucille, de la faux, de la moissonneuse.

Lorsque les tiges des céréales sont coupées et presque séchées, on les réunit en gerbes.

Dans les régions pluvieuses, on dispose les gerbes en moyettes pour les préserver de la pluie.

Les moyettes se composent de trois à six gerbes placées debout et recouvertes par une autre gerbe qui leur sert de couverture.

L'emplacement des meules de céréales doit être recouvert par des fagots, par crainte de l'humidité du sol.

Le battage se fait au fléau et au rouleau pour les petites quantités, ou avec les machines à battre.

Les machines à battre sont mues par des chevaux ou par la vapeur. Elles avancent beaucoup plus que le battage au fléau et au rouleau et le travail revient à moins cher. Il est à regretter qu'elles occasionnent chaque année des accidents que les travailleurs pourraient parfois éviter, s'ils se contentaient de boire pour se rafraîchir et non pour s'exciter.

Pour débarrasser les grains de la poussière, des balles, des pailles, des mauvaises graines, on se sert d'un tarare, puis d'un trieur mécanique qui non seulement achève le nettoyage, mais fait le triage des grains en plusieurs catégories, ce qui permet d'avoir des semences de choix.

On conserve les grains en les plaçant dans un grenier. Il faut souvent les remuer pour les aérer.

On récolte généralement les racines à la main.

Pour les conserver, on les met à l'abri des froids, de l'humidité et de la lumière.

Animaux domestiques.

Les animaux domestiques, comme leur nom l'indique, appartiennent à la maison de l'homme. Au premier rang se place le cheval. D'après les services qu'ils nous rendent, les chevaux se divisent en trois catégories : le cheval de trait, le cheval de luxe ou de carosse, le cheval de selle.

On ne doit pas brutaliser les chevaux, comme font certains charretiers, ni abuser de leurs forces. Si nous agissions autrement, nous serions de mauvais cœurs et des ingrats.

Le bœuf et la vache sont les représentants de l'espèce bovine. Le cheval ne donne guère à l'homme que son travail. Les animaux de l'espèce bovine donnent leur lait, leur travail, leur viande.

Les moutons nous sont utiles à cause de leur laine, de leur viande et de leur lait.

La chèvre est la vache des pauvres gens. Elle nous procure un lait léger et substantiel.

L'âne rend de grands services à l'agriculture, surtout dans le Poitou et la Gascogne. Il devient méchant et entêté quand on le brutalise.

Le mulet a le pied très sûr et convient aux pays montagneux. Il remplace souvent le cheval comme animal de trait.

Le porc donne sa chair, si appréciée dans nos campagnes. Il s'engraisse très rapidement et, malgré un préjugé ridicule, il aime la propreté.

Le lapin est également un bon produit.

La poule est le principal oiseau de la basse-cour. Elle nous fournit ses œufs et ses poulets. C'est de deux à cinq ans qu'elle rapporte le plus.

Le canard et la cane sont très faciles à élever, pourvu qu'on ait une pièce d'eau dans le voisinage.

L'oie produit une chair un peu lourde, mais savoureuse, sa plume est estimée.

Le dindon est plus difficile à élever, parce qu'il craint l'humidité.

Le pigeon donne un bon profit. Quand il est jeune, sa chair est délicate.

Notions d'Horticulture.

Le jardin potager et fruitier est consacré à la culture des légumes et à la production des fruits. Le jardin d'agrément est consacré à la culture des plantes d'agrément.

L'exposition au sud-est est la meilleure.

Plusieurs procédés sont en usage pour les cultures hâtives. On peut former des ados, c'est-à-dire des plates-bandes inclinées vers le soleil. On favorise encore plus la végétation en établissant des couches que l'on recouvre de cloches et de châssis vitrés.

Les instruments qui servent à la culture du jardin sont la bêche, le rateau, le plantoir, la binette, la serpe, la serpette, l'égohine, le sécateur, les forces, la brouette, l'arrosoir.

Le repiquage a pour objet de transplanter les végétaux, afin qu'ils rencontrent de meilleures conditions de sol.

Les binages et les sarclages ont pour objet d'ameublir la terre et d'y faire pénétrer l'air et la chaleur.

Les arrosages doivent être faits avec prudence. Trop froids, ils nuisent à la végétation. Dans la saison chaude, il faut arroser le soir. Au printemps et à l'automne, il est préférable d'arroser le matin.

Les boutures sont des morceaux de la plante que l'on introduit dans le sol, pour qu'il y pousse des racines.

Le marcottage consiste à faire passer dans le sol une branche que l'on retranche du pied quand les racines de cette branche poussent en terre.

Le greffage est l'opération par laquelle on transporte une partie du végétal sur un autre végétal, afin de donner à celui-ci les propriétés du premier. Celui qui reçoit une greffe est le sujet, le greffon est le morceau joint au sujet.

Les principaux légumes sont les choux, dont on distingue de nombreuses variétés; les salades, les asperges, les artichauts, les épinards et l'oseille, que l'on cultive pour leurs tiges, leurs feuilles ou leurs fleurs; les pommes de terre, dont les tubercules sont si précieux pour l'alimentation; les oignons, l'ail, l'échalote, le poireau, les carottes, les betteraves, les navets, les radis, les salsifis, que l'on cultive pour leurs bulbes ou leurs racines. Le pois, le haricot, la fève, la tomate, le melon, la citrouille, le fraisier donnent des fruits ou des graines qui en font des aliments fort agréables.

FIN DU RÉSUMÉ.

II

NOTIONS PRÉLIMINAIRES

Tenue de la Ferme.

La bonne tenue de la ferme **se révèle** au premier coup d'œil, par l'ordre et la propreté qui règnent dans la cour et par la disposition des fumiers.

Et d'abord cette cour est nivelée. Ce nivellement, qui permet d'aller, sans s'embourber, de la maison à l'étable, à la grange ou à l'écurie, n'est, en général, ni bien difficile ni bien coûteux.

Les étables sont propres, bien aérées, bien éclairées, et les animaux s'y meuvent à l'aise. La litière est abondante et sèche. Le sol en pente, cimenté, permet l'écoulement du purin et facilite le nettoyage. On n'y voit pas ces étables dont le sol, en forme de cuvette, devient le **récipient** du purin, où la lumière n'entre que par la porte ou par des ouvertures qui sont à la hauteur du corps de l'animal, l'exposant à des coups d'air et des refroidissements.

La laiterie est éloignée de l'étable et de la fosse à purin. Elle est fraîche sans être humide et d'une aération facile. Elle ne renferme que du lait, de la crème et du beurre.

La cour de la porcherie n'est pas un *cloaque* infect dans lequel se roulent les porcs. Le porc, on ne saurait trop le répéter, n'est pas un animal immonde qui ne se plaît que dans la malpropreté la plus repoussante. C'est le seul qui ne souille pas sa litière, lorsque son habitation est suffisamment grande, et nous avons tout intérêt à le placer dans de bonnes conditions d'hygiène et de propreté.

Les fumiers sont convenablement installés sur la plate-forme d'où le purin s'écoule dans la fosse. L'aspect des fumiers permet de juger la valeur du cultivateur. On peut être certain d'avoir affaire à un mauvais cultivateur, lorsque le fumier est étendu çà et là dans la cour, se desséchant au soleil, et perdant toutes ses qualités nutritives, tandis que le purin forme des flaques malpropres, en attendant qu'il soit entraîné par la pluie dans la mare voisine, dont il corrompt l'eau.

Enfin, maison et jardin font plaisir à visiter. La ménagère prévoyante et active ne se renferme pas dans son intérieur, dont elle rend, d'ailleurs, par ses soins le séjour si agréable aux siens. Elle prend la direction du jardin qui lui procure à son gré des légumes et lui permet de varier l'alimentation de la famille. Son mari ne s'est réservé que l'emplacement nécessaire à l'entretien d'une pépinière, qu'il conduit avec intelligence afin de

remplacer les pommiers qui vieillissent et ne rapportent plus.

Se révèle, se fait voir ; *récipient,* réservoir ; *cloaque,* mare malpropre.

1° Visiter une ferme tenue d'une façon négligente ; rechercher les moyens d'en améliorer l'installation sans grands frais.
2° Visiter une ferme bien tenue. Examiner, partie par partie, si son installation est conforme aux indications qui précèdent.

La Vie des Plantes.

Les plantes sont des êtres vivants aussi inté-
ressants à étudier que les animaux. Les graines
qui servent à les reproduire peuvent être considérées comme autant d'œufs que le sol se charge
de couver et de faire éclore dans des conditions
favorables d'aération, de chaleur et d'humidité.

Pendant la période d'***incubation*** ou de germination, l'œuf végétal ou graine se gonfle, se
ramollit ; puis son enveloppe se brise et il en sort
une petite plante dont la racine s'enfonce en terre,
tandis que la tige perce bientôt le sol.

Voici donc un nouvel être délicat et ***fragile***
qui arrive à la lumière. Le petit poulet trouve
auprès de sa mère la nourriture qui lui est nécessaire. Le petit végétal, aussitôt que sa tige est
sortie de terre, devient capable de vivre aux
dépens de l'air et du sol.

Il respire nuit et jour à la façon des animaux
et puise dans l'air, par ses feuilles, sous l'influence
de la lumière du jour, le carbone qui sert à sa

nourriture, tandis que les poils absorbants de ses racines lui permettent de pomper dans le sol l'eau et les sels minéraux qui concourent à la formation de la sève brute, qui n'est autre que le sang des plantes.

Cette sève, sous l'influence de la température, s'élève par de petits canaux très fins de la tige jusqu'aux feuilles, où elle s'épaissit par évaporation et s'enrichit du carbone enlevé à l'air. Alors elle devient la sève **élaborée** qui redescend vers la tige en lui abondonnant ses principes nutritifs.

L'hiver seulement la sève s'arrête et la plante sommeille, pour ainsi dire, comme une **marmotte.**

C'est ainsi qu'il existe une grande ressemblance entre la vie végétale et la vie animale. Seulement l'animal peut se déplacer pour chercher sa nourriture, le végétal doit la trouver à sa portée. C'est ce qui explique la nécessité de fournir au sol, par des engrais, les substances que les plantes n'y rencontrent ordinairement pas en assez grande quantité, c'est-à-dire l'azote, l'acide phosphorique, la potasse et la chaux.

Incubation, action de couver ; *fragile*, facile à briser, faible ; *élaborée*, qui a été travaillée, qui s'est modifiée ; *marmotte*, animal rongeur qui s'engourdit l'hiver.

1° Observer les phases de la germination d'un haricot dans du sable ou de la mousse humide.

2° Déposer des graines, à des profondeurs variées, dans une boîte à craie remplie de terre végétale. Arroser. Observer les phases de la germination. Les graines placées à une trop grande profondeur ne germeront pas ou leur tige ne percera pas le sol faute d'air.

L'Air atmosphérique.

L'air est indispensable à la vie des animaux, mais il est aussi nécessaire à la vie des végétaux.

Si nous plaçons un petit oiseau sous une cloche bien *close*, et que nous retirions l'air avec une pompe spéciale, notre prisonnier ne tardera pas à périr. Faisons la même expérience avec une plante en pot, et bientôt nous aurons à constater que la plante dépérit et meurt.

C'est que tous les êtres vivants respirent, c'est-à-dire brûlent constamment et lentement une partie de leur substance au moyen d'un gaz de l'air qu'on appelle oxygène.

Si l'air n'était composé que d'oxygène, le phénomène de la respiration s'exercerait avec trop de violence, et ce gaz brûlerait les organes qu'il a seulement mission de dépouiller de leurs parties inutiles. Aussi n'entre-t-il que pour un cinquième dans la composition de l'air. Les quatre autres parties sont formées d'un gaz *inerte*, l'azote, qui modère l'action **comburante** de l'oxygène, comme l'eau modère l'action enivrante de l'alcool. En thèse générale, nous pouvons dire que sur cinq litres d'air, il y a un litre d'oxygène et quatre litres d'azote.

Il s'y ajoute un peu de vapeur d'eau, d'acide carbonique, des poussières et des **microbes**, dont il n'est pas inutile de connaître le rôle.

La vapeur d'eau **condensée** forme la pluie.

L'acide carbonique donne aux plantes le carbone qui les nourrit ; mais il est nuisible à la respiration de l'homme, et il faut aérer les pièces qui en sont trop chargées.

Enfin, si certains microbes, comme ceux de la fermentation, sont parfois utiles, il en est un grand nombre qui sont redoutables ; tels sont les microbes de la fièvre typhoïde, du croup, de la variole, de la phtisie, et qui se plaisent et pullulent dans l'air des lieux humides, des cours et des appartements malpropres et mal tenus.

Close, fermée ; *inerte*, sans activité ; *comburante*, qui a le pouvoir de brûler ; *microbes*, êtres microscopiques ; *condensée*, resserrée.

1° Donner des notions sommaires sur les corps simples, les corps composés, les mélanges et les combinaisons, à l'aide d'expériences faciles.

2° Montrer que l'air est un corps en plongeant dans l'eau un verre, l'ouverture en bas.

3° Recueillir sous l'eau l'air d'un soufflet, des poumons.

4° Mettre un charbon bien allumé dans un verre fermé, le charbon s'éteint faute d'oxygène ; il reste dans le verre de l'azote et de l'acide carbonique. On constate l'acide carbonique en ajoutant un peu d'eau de chaux dans le verre ; il se forme du carbonate de chaux, et l'eau blanchit quand on l'agite.

L'Eau. — Brouillards. Nuages. Rosée.

L'eau est, après l'air, le corps le plus abondamment répandu dans la nature. On la rencontre sous les trois états. La mer, les lacs, les étangs, les cours d'eau nous montrent l'eau liquide ; dans les régions *polaires* sur les sommets des hautes montagnes, et un peu partout, en hiver, nous trouvons l'eau solide ou glace ; enfin, les nuages sont formés d'eau à l'état de gaz ou vapeur.

C'est la chaleur qui produit les changements d'état de l'eau : en chauffant un morceau de glace, on obtient de l'eau liquide ; si on continue à chauffer, le liquide devient vapeur.

Les anciens considéraient l'eau comme un corps simple. Nous savons maintenant qu'elle est composée de deux volumes d'hydrogène pour un volume d'oxygène.

L'eau naturelle n'est pas pure. Elle renferme de l'air en dissolution, de l'acide carbonique, des débris de minéraux et de végétaux ; l'eau de mer est salée.

Mettons successivement dans un verre d'eau plusieurs morceaux de sucre ; ils s'y *dissolvent* assez rapidement. Mais il arrive un moment où l'un d'eux, au lieu de se dissoudre, reste au fond du verre. L'eau est saturée de sucre ; elle ne peut pas en dissoudre davantage. Si nous chauffons cette eau, le morceau de sucre resté au fond se dissout, ainsi que plusieurs autres qu'on y ajoute, jusqu'à ce que l'eau soit de nouveau saturée. Si on laisse refroidir, le sucre se dépose au fond du verre à mesure que la température s'abaisse.

Le même phénomène se produit dans l'atmosphère. L'air dissout la vapeur d'eau qui se forme constamment, jusqu'à ce qu'il en soit saturé, et il en dissout d'autant plus qu'il est plus chaud. A partir du moment où l'air est saturé, la vapeur ne se dissout plus et devient visible sous forme de fines gouttelettes qui constituent les brouillards, si elles sont près du sol, et les nuages, si elles se forment à une certaine hauteur dans l'atmosphère.

La même chose a lieu quand l'air se refroidit : la vapeur se condense et produit des brouillards ou des nuages qui iront porter partout la pluie **bienfaisante.**

La formation de la rosée est tout aussi facile à expliquer. La terre, chauffée pendant le jour par les rayons du soleil, renvoie dans l'espace, pendant la nuit, la chaleur qu'elle a reçue, et se refroidit, ainsi que les plantes qui la recouvrent. L'air se refroidit au contact de la terre, et la vapeur d'eau qu'il contient se condense en fines gouttelettes qui se déposent sur les plantes. C'est la rosée, très utile, parce qu'elle entretient l'humidité du sol.

Polaires, voisines du pôle ; *se dissolvent,* fondent ; *bienfaisante,* fertilisante.

1° Faire dissoudre du sel dans l'eau. Faire chauffer l'eau froide saturée. Le sel se dissout en plus grande quantité. Laisser refroidir, le sel reparait.

2° Expliquer l'origine de la vapeur d'eau condensée sur les vitres.

Glace. Gelée. Neige. Grêle.

L'eau en se refroidissant diminue de volume, jusqu'à ce qu'elle soit descendue à la température de 4°. Au dessous de cette température, elle *se dilate*. A zéro degré, elle se solidifie et se prend en une masse *transparente* et dure, la glace.

En se solidifiant, la glace augmente sensiblement de volume et fait éclater les carafes, les pots, les conduites qui contiennent de l'eau. Sa *densité* étant inférieure à celle de l'eau, les glaçons flottent au moment du dégel.

En hiver, au commencement du printemps ou à la fin de l'automne, nous voyons les prés, les champs, les toits couverts d'une gelée blanche. C'est tout simplement la rosée qui s'est solidifiée sous l'action du froid. Au printemps, la gelée est redoutable aux plantes, car la sève qui commence à circuler augmente de volume en se congelant, déchire les vaisseaux et les tissus des végétaux. Un brusque dégel n'est pas moins à craindre.

On combat l'action de la gelée, en abritant les plantes à l'aide des paillassons ou au moyen de nuages *artificiels* produits en brûlant des substances qui donnent beaucoup de fumée.

A l'époque des froids, la vapeur d'eau des nuages rencontre parfois un courant d'air à une température inférieure à 0°. Les gouttelettes se congèlent en petits cristaux qui tombent sous la forme de flocons blancs. C'est la neige. Les récoltes sont généralement plus abondantes quand il tombe beaucoup de neige, parce que le sol, recouvert de neige, est préservé des gelées.

Si les nuages se trouvent à une très grande hauteur et que les gouttelettes qui se sont d'abord condensées se refroidissent brusquement, elles se prennent en petits blocs de glace appelés grêlons. La grêle cause souvent de grands dommages aux agriculteurs.

En résumé, brouillards, nuages, rosée, gelée, neige, grêle, sont produits par la vapeur d'eau. La plupart de ces phénomènes favorisent l'agriculture, sauf pourtant la gelée et la grêle.

Se dilate, augmente de volume ; *transparente*, qui permet de voir à travers ; *densité*, poids par rapport à l'eau ; *artificiels*, fabriqués, formés par les hommes.

1º Faire éclater une bouteille pleine d'eau en la mettant dehors par un grand froid.

2º Observer l'effet de la gelée sur le tissu délicat des jeunes plantes.

3º Pourquoi la barbe est-elle remplie de glaçons quand il fait froid ?

4º Prendre deux pots, garnis chacun d'une plante de même espèce, les placer en dehors de la fenêtre de la classe. Couvrir l'une de ces plantes de neige et constater que celle-là seule est préservée de la gelée.

III

SOL ET SOUS-SOL

Éléments du Sol arable.

Il est nécessaire que le cultivateur connaisse la silice ou sable, l'argile, le calcaire et le terreau, qui sont les éléments auxquels les terres empruntent leurs qualités ou leurs défauts.

1° Le sable est une poudre grenue due à la *désagrégation* des roches granitiques. Les grains du sable sont très durs; l'eau les mouille sans les pénétrer et, ne pouvant les unir pour en former une pâte, elle s'écoule entre les particules et entraîne les engrais. Plus une terre est sablonneuse, plus elle est perméable à l'eau et à l'air et facile à travailler; mais plus aussi elle se dessèche aisément et use vite les engrais. C'est le cas de fumer et d'arroser peu à la fois et souvent. Ajoutons que dans de tels sols, le *déchaussement* des plantes est à craindre à cause de la gelée qui soulève la terre, mettant à nu les racines.

2° L'argile est une matière douce et grasse que l'on connaît sous le nom de terre glaise ou de terre à poterie. La principale propriété agricole de cette substance est d'absorber en grande quantité l'eau et l'engrais dissous pour former une pâte liante qui durcit et se fendille au soleil. Plus un sol est argileux, plus il est difficile à travailler; mais aussi plus il est fertile, lorsqu'il est bien *ameubli* par les labours et que les engrais absorbés s'y trouvent en grande quantité.

3° Le calcaire provient de la désagrégation de pierres à chaux ou de coquillages. Lorsqu'on jette dessus un acide ou simplement un fort vinaigre, il se produit une *effervescence*. Le calcaire garde mieux l'eau que le sable, mais moins bien que l'argile. Il décompose les engrais et entre dans la nourriture des plantes. Le calcaire rend plus *compacts* les sols sablonneux et plus légers les terres argileuses. Sans sa présence dans le sol, les engrais se décomposeraient mal ou difficilement et il manquerait un élément essentiel à la nourriture des plantes. Ajoutons que les terres trop fortement calcaires sont impropres à la culture.

4° Le terreau ou humus est le résidu de la décomposition de débris végétaux et animaux. Il rend aux sols sablonneux ou argileux les mêmes services que le calcaire; de plus, il absorbe les engrais comme une éponge et les abandonne facilement, suivant les besoins de la plante. On peut donc dire que plus un sol renferme d'humus, meilleur il est. Cependant il ne faut pas qu'il soit mal décomposé comme celui qui abonde dans les terres de bois, de landes et de marécages. Dans ce cas, il constitue ce qu'on appelle les terres de bruyères, les terres tourbeuses qui ne peuvent devenir fertiles qu'à l'aide de labours, de chaulages, de marnages, etc.

Désagrégation, séparation des molécules, c'est-à-dire des petites parties d'un corps ; *déchaussement*, terre enlevée du pied ; *ameubli*, dont la terre est bien divisée ; *effervescence*, léger bouillonnement ; *compacts*, serrés, résistants.

1° Verser de l'eau sur du sable, sur de l'argile.
2° Placer sur une pelle rougie au feu de l'argile trempée.
3° Verser un fort vinaigre sur de la craie.
Constater ce qui se produit.
4° Pour analyser sommairement une terre : 1° on la met d'abord au four pour en faire sortir la vapeur d'eau ; 2° on la dispose ensuite sur une pelle fortement chauffée qui brûle l'humus ; 3° on l'agite dans l'eau et on enlève l'eau sale après avoir laissé reposer, et cela plusieurs fois de suite. L'argile s'en va avec l'eau ; il ne reste que du calcaire et du sable ; 4° on dissout le premier avec un peu d'acide chlorhydrique, on filtre. Le calcaire a disparu et il ne reste plus que le sable. En pesant après chaque opération, on obtient le poids de chacun des éléments du sol.

Amélioration du Sol au moyen du Sous-Sol : Défoncements.

Les éléments du sol, sable, argile, calcaire, humus, ne peuvent se cultiver isolément. Leur mélange en proportion convenable forme les bonnes terres cultivables.

Ainsi les sols reconnus les meilleurs au point de vue physique sont les terres franches qui renferment environ 50 % de sable, 25 % d'argile, *3* à 10 °/₀ de calcaire, 3 à 5 °/₀ d'humus, le reste étant composé d'eau et de substances diverses. Les terres auxquelles il manque un élément sont moins favorables à la culture. Cependant les terres *argilo-siliceuses* ou *silico-argileuses* sont considérées comme de bonnes terres, parce qu'il est toujours possible d'y introduire sous forme d'amendement le calcaire qui fait défaut.

On doit donc chercher à rapprocher de la terre franche, toutes les fois que la chose est possible, les terres arables que nous avons à cultiver, et cela peut quelquefois se faire à l'aide du sous-sol. Voici un sol sablonneux reposant sous un sous-sol argileux, ou, le contraire, un sol argileux avec un sous-sol sablonneux. Donnons un fort labour. Dans le premier cas, un peu d'argile ramenée à la surface donnera plus de *consistance* au sol arable; dans le second, la silice *modifiera* aussi heureusement le sol rendu moins compact. On pourrait faire un raisonnement analogue pour n'importe quel sol qui peut ainsi être complété avec un sous-sol d'une autre nature. Dans tous les cas, alors que le sol et le sous-sol seraient de même composition, la couche arable gagnera en épaisseur par le défoncement, les racines s'y développeront plus aisément, et elle conservera mieux son humidité, si le sol est sablonneux, et s'en débarrassera plus facilement, s'il est argileux.

Il n'en faudrait pas conclure toutefois que le cultivateur devra pratiquer brusquement le défoncement de ses terres. Il convient, au contraire, qu'il ne les approfondisse que lentement et progressivement, en raison de la quantité d'engrais dont il peut disposer. Il faut, en effet, beaucoup de fumier pour fertiliser une petite quantité de terre neuve presque dépourvue d'humus, et cette terre a besoin de rester longtemps exposée à l'air et à la gelée avant de devenir propre à toutes les cultures.

Argilo-siliceuses, silico-argileuses, terres qui renferment du sable et de l'argile ; *consistance,* force ; *modifiera,* changera la nature.

Étudier la composition du sol et du sous-sol du jardin de l'École. Examiner si on peut améliorer l'un par l'autre.

Irrigation et Drainage.

La quantité d'eau dépensée par les plantes en cours de végétation est très considérable. Pour ne prendre que les exemples les plus à notre portée, les salades de nos jardins contiennent 90 % d'humidité et l'herbe verte de nos prairies au moins les 3/4 de son poids.

Comme la source à laquelle les plantes puisent l'eau est le sol, il est de toute nécessité que la terre arable en renferme une provision suffisante, Dans le cas contraire, les végétaux souffrent, se dessèchent et meurent. Lorsque la pluie n'est pas suffisante, il faut donc répandre de l'eau dans les jardins, les champs et les prairies.

De même que toutes les eaux ne sont pas potables, toutes non plus ne sont pas bonnes pour l'irrigation. L'eau de citerne, de ruisseau, bien aérée, est excellente. Les eaux renfermant des débris organiques sont de véritables engrais liquides.

Dans nos jardins, on arrose avec l'arrosoir, c'est l'irrigation par aspersion. Cette opération se fait préférablement le matin, au printemps, à cause des gelées nocturnes; le soir, pendant la saison chaude, par crainte d'une évaporation trop rapide.

Dans les champs et surtout dans les prairies, on se sert de l'arrosage par déversement. L'eau se répand des parties les plus élevées dans des canaux de déversement qui la répartissent le long des pentes.

Toutefois, il faut savoir qu'une trop forte accumulation d'eau dans la terre arable est nuisible aux plantes. Ainsi les sols, à sous-sols d'argile, saturés d'eau, sont semblables à des pots à fleur dont on aurait bouché les trous tout en continuant les arrosements. L'humidité en chasse l'air nécessaire à la respiration du végétal, et les plantes jaunissent et meurent asphyxiées. Les engrais et les débris végétaux se décomposent mal pour la même raison. Le sol devient tourbeux. Le moyen d'y remédier est d'avoir recours au drainage.

Le drainage consiste à établir à 90 centimètres de profondeur des lignes de tuyaux de poterie. L'eau s'en va par ces tuyaux dans un canal *collecteur* qui la conduit au ruisseau.

Le propriétaire qui veut drainer une pièce de terre peut s'assurer le concours *gratuit* du service des Ponts et Chaussées pour le plan du drainage. La loi lui donne le droit de conduire d'eau à travers la propriété d'autrui, moyennant indemnité.

Irrigation, arrosement ; *drainage*, assainissement des parties trop humides ; *collecteur*, qui recueille ; *gratuit*, non payé.

1° Visiter les pièces de terre irriguées de la commune.

2° Visiter des travaux de drainage quand on en exécute.

3° Arroser une plante dans un pot dont le trou est bouché et constater le résultat.

IV

AMENDEMENTS ET ENGRAIS

Le Carbone et l'Acide carbonique.

Le carbone est le nom que l'on donne au charbon lorsqu'il est pur. C'est un corps simple que l'on obtient en brûlant en vase clos des matières animales ou végétales.

Les charbonniers fabriquent le charbon dans les forêts en formant de petites meules de bois qu'ils font brûler en modérant dans une certaine mesure l'action de l'air.

Le charbon est un décolorant et un désinfectant : comme décolorant, il est surtout employé à donner au jus sucré, extrait de la betterave, la belle couleur blanche que nous connaissons au sucre. La propriété de désinfectant est utilisée dans les filtres où l'on fait passer l'eau de *citerne* ou de rivière avant de la boire.

Outre le charbon que l'homme fabrique lui-même, il utilise encore celui qu'il trouve dans le sol à l'état naturel. La houille alimente nos fourneaux et produit le gaz d'éclairage quand elle est chauffée en vase clos. Le coke est le *résidu* de la houille employée à la fabrication du gaz d'éclairage ; c'est un charbon qui brûle en donnant une grande chaleur. Le *graphite* et le diamant sont des charbons purs. Le premier est employé pour lustrer la fonte et pour faire *l'âme* des crayons, le second est cristallisé et très dur. Les diamants sont très rares et d'un prix très élevé.

Quand le charbon brûle à l'air, il s'unit avec l'oxygène pour former de l'acide carbonique, si utile à la nutrition des plantes. En versant un acide sur de la craie, il se produit un bouillonnement occasionné par l'acide carbonique qui se dégage. Il est inodore, plus lourd que l'air, impropre à la vie et à la combustion. Plaçons une bougie allumée dans un récipient rempli d'acide carbonique, elle s'éteint et un petit animal ne tarde pas à y mourir.

Dans la grotte de Pouzzoles, près de Naples, appelée la Grotte du Chien, l'acide carbonique qui se dégage du sol forme une couche de 0^{m},80 environ ; un homme peut y pénétrer impunément; un chien y périt, parce qu'il est tout entier dans une atmosphère d'acide carbonique.

L'acide carbonique donne une saveur aigrelette aux boissons dans lesquelles il est dissous. Dans la fermentation de la bière, du vin, il se dégage beaucoup d'acide carbonique et on ne doit pénétrer dans les pièces où se fait cette fermentation qu'après avoir soigneusement aéré.

Citerne, réservoir pour les eaux de pluie ; *résidu*, ce qui reste ; *graphite*, mine de plomb ; *âme*, milieu, partie essentielle.

1° Donner des notions sommaires sur les acides et la composition des principaux acides.

2° Même exercice pour les oxydes ou bases et les sels. Principaux sels utilisés en agriculture.

3° Préparer de l'acide carbonique, constater ses propriétés.

4° Fabriquer une bouteille d'eau gazeuse avec de l'eau, de l'acide tartrique et du bicarbonate de soude.

Amendements calcaires.

Les amendements sont les matières minérales que l'on introduit dans le sol pour en corriger les défauts naturels au point de vue de la culture. Les amendements calcaires sont indispensables à la plupart des terres de notre région granitique du N.-O. où le manque de chaux se fait sentir.

Le principal amendement calcaire est la chaux, c'est-à-dire la matière que l'on obtient en faisant chauffer fortement dans un four des pierres de carbonate de chaux. Au sortir du four, la chaux est extrêmement avide d'eau. C'est la chaux vive qui au contact de l'humidité, se chauffe, se gonfle, se délite, c'est-à-dire tombe en poussière, et donne la chaux éteinte employée comme amendement.

La chaux grasse, provenant de calcaires à peu près purs, se délite mieux que la chaux maigre qui nous est donnée par des calcaires siliceux et qui s'éteint mal. Quant à la chaux *hydraulique* fournie par des calcaires argileux, elle ne peut être utilisée comme amendement, elle durcit dans l'eau et est employée seulement dans les constructions.

La chaux améliore d'autant mieux le sol qu'elle est plus parfaitement éteinte en une fine poussière facile à répandre uniformément. Pour cela, on la met sous un *hangar* où elle se *pulvérise* à l'humidité seule de l'air, ou bien on l'enferme dans des *composts* recouverts de terre battue où elle se délite au moyen de l'humidité du sol. Une trop grande quantité d'eau la transformerait en mortier. Quand on emploie la chaux en composts, on a soin de ne pas y incorporer de fumier, afin de ne pas perdre tout l'ammoniaque déjà formé par la décomposition de celui-ci. Les chaulages se font avant les semailles d'automne ou de printemps et en vue de la culture des céréales et des légumineuses auxquelles ils sont très favorables. Sitôt l'*épandage* fait, on enterre l'amendement par un moyen labour, pour le mettre à l'abri des mauvais effets de la pluie.

Le chaulage ne donne de bons résultats que sur les sols sains et particulièrement sur les terres fortes. Si nous ajoutons que la chaux s'empare des réserves d'engrais contenues dans la terre pour les présenter aux plantes sous une forme *assimilable*, on comprendra qu'un premier chaulage doit être suivi d'une bonne récolte, mais que des chaulages répétés appauvriraient la terre si on n'avait soin d'y faire alterner de fortes fumures.

C'est l'oubli de cette règle qui a pu faire dire que la chaux enrichit le père et ruine l'enfant.

La marne, la tangue sont également des amendements calcaires. Cette dernière se trouve en grande quantité dans les grèves du Mont-Saint-Michel. L'une et l'autre s'emploient à une dose dix fois plus forte que la chaux.

Hydraulique, qui durcit à l'eau ; *bangar*, toit reposant sur des piliers ; *pulvérise*, réduit en poudre ; *composts*, terre et feuilles pourries en tas ; *épandage*, action de répandre ; *assimilable*, que les plantes peuvent s'approprier.

1º Humecter de la chaux vive sur une assiette ; la chaux tombe en poussière en dégageant de la chaleur.

2º Mouiller abondamment la chaux et faire du mortier.

3º Faire un lait de chaux, de l'eau de chaux.

4º Mélanger un peu de chaux et de fumier et constater la déperdition de l'ammoniaque.

Nécessité des Engrais. Éléments à restituer.

Tous les végétaux se composent de deux sortes de matières : les unes, appelées matières organiques, brûlent au feu sous forme de gaz ; les autres, appelées matières minérales, résistent à la combustion et constituent les cendres.

Les premières se composent de charbon, d'oxygène, d'hydrogène, d'azote ; les secondes renferment de la silice, de l'acide phosphorique, du soufre, de la potasse, de la soude, de la chaux, de la magnésie, du fer, du chlore, etc.

Tous ces corps sont pris sous forme de nourriture assimilable dans le milieu où vivent les plantes. Ce ne serait pas une petite affaire de veiller à ce que le ratelier où puisent les plantes soit bien garni, s'il fallait s'occuper d'y faire entrer tous les éléments nutritifs, en général, et chacun en particulier. Heureusement la nature y a pourvu pour une grande part. C'est ainsi que l'acide carbonique de l'air fournit abondamment aux plantes le charbon ; l'humidité du sol donne aux végétaux l'oxygène et l'hydrogène de leurs tissus. Tous les autres éléments nutritifs sont également tirés du sol, sauf l'azote, l'acide phosphorique, la potasse et la chaux. Si on ne **restituait** pas au sol ces quatre substances, ou si on les restituait imparfaitement, au fur et à mesure que les plantes les enlèvent, ce serait bientôt la ruine de la terre.

C'est le but auquel tendent, sans le savoir, les cultivateurs qui **s'obstinent** à n'employer sur leurs terres que les engrais fournis par leur exploitation.

En effet, une partie des éléments nutritifs enlevés à la terre est vendue sous forme de blé, de fourrages, de cidre ; tandis que l'autre est divisée en deux parts, dont la première, sous forme de chair, de beurre, de lait, est encore **extraite** du sol, et la seconde seulement fait retour à la terre sous forme de litières, d'excréments, de purin.

Toute ferme qui n'ajoute pas au fumier de sa ferme des engrais complémentaires (phosphates, nitrates, etc.) est en voie d'appauvrissement.

Et que l'on ne croie pas remédier au mal en aissant la terre se reposer. Une terre appauvrie que l'on laisse en *jachère* gagne un peu d'azote enlevé à l'air sous forme d'ammoniaque, mais sa constitution ne change pas sensiblement. Pauvre elle était, pauvre elle est restée.

Restituait, rendait; *s'obstinent*, s'entêtent; *extraite*, tirée; *jachère*, friche, non cultivée.

Un grain de froment renferme 0,82 p. % d'acide phosphorique, 2,08 p. % d'azote, 0,55 p. % de potasse et 0,06 % de chaux. De combien un cultivateur a-t-il appauvri sa ferme s'il a vendu 150 hectolitres de blé pesant 75 kilogrammes l'un, en supposant qu'il n'emploie que les engrais de son exploitation ?

Les Engrais végétaux.

Les principaux engrais végétaux sont les engrais verts, les engrais marins, les marcs et les tourteaux.

Les engrais verts sont des récoltes destinées à être enfouies en vert, c'est-à-dire au moment de la floraison. Pour ces sortes d'engrais, il faut que la plante soit peu exigeante comme culture, peu chère comme semence et d'une croissance rapide.

Les vesces, le trèfle incarnat, le lupin blanc, la féverole, la navette sont dans ce cas pour les enfouissements de printemps; le lupin jaune, la moutarde pour les enfouissements d'été. On sème ces plantes sur un simple labour. Quand la culture est en fleur, on la couche par un temps sec avec un rouleau et on l'enterre dans le sens du roulage. Dans les sols granitiques ou schisteux non chaulés, l'engrais se transforme en humus acide. Il convient donc de les amender avant de pratiquer l'enfouissement.

Les engrais verts, pendant leur végétation, maintiennent le sol net de mauvaises herbes et vont chercher dans les couches profondes de l'acide phosphorique et de la potasse; ils absorbent les nitrates que les pluies d'hiver auraient entraînés. Ainsi se trouvent rassemblés sous une forme promptement **assimilable** des éléments dispersés dans le sol et dont la culture suivante fera son profit. Ils sont une source de production d'acide carbonique si nécessaire pour attaquer les **parcelles** minérales et les rendre **solubles**. Lorsqu'ils sont à base de légumineuses, ils enrichissent le sol d'azote. Et si l'on joint un engrais chimique approprié à une légumineuse, soit au moment de sa culture, soit au moment de son enfouissement, on obtient un engrais vert dont les qualités sont égales à celles du fumier.

Les engrais marins (varechs et goëmons) sont très riches en potasse. Une fois qu'ils ont fermenté en tas, seuls ou dans des composts, ils donnent de très bons résultats pour la culture des pommes de terre et des légumes dans des sols légers. C'est grâce à ces plantes, qu'on dit que la Bretagne est entourée « d'une ceinture dorée. »

Les marcs de pommes renferment la plus

grande partie de l'azote et de la potasse contenue dans les fruits. Une fois décomposés dans des composts avec de la chaux et du phosphate, ils constituent un des meilleurs engrais pour le pommier.

Les tourteaux sont des résidus des graines employées pour la production de l'huile. Quand on ne les utilise pas pour la nourriture du bétail, on les emploie comme engrais avant les semailles d'automne. Il convient de mettre quelques jours entre la **répartition** de la poudre de tourteaux et les semences, afin que ces dernières ne soient pas gênées dans leur germination par la décomposition rapide de cet engrais.

Comme engrais végétaux, on peut encore compter les balayures, les épluchures, les feuilles, etc. On les met en composts qu'on arrose avec du purin, et on en fait ainsi d'excellents fumiers.

Assimilable, que les plantes peuvent absorber; *parcelles,* petites parts, morceaux ; *solubles,* qui peuvent se dissoudre; *répartition,* action de répandre.

Engrais animaux.

Chaque ferme doit avoir ses lieux d'aisances dont tout le personnel est tenu de se servir. C'est non seulement une question de propreté et de convenance, mais encore d'intérêt, car les déjections humaines sont des engrais trois fois plus riches que le fumier de ferme, et l'on a calculé que chaque adulte en produit en moyenne pour 12 francs par an. On en fait disparaître la mauvaise odeur en jetant dans la fosse une dissolution de sulfate de fer.

La partie liquide des vidanges est surtout riche en azote et en potasse. Coupée de trois ou quatre fois son volume d'eau, elle produit de très bons effets sur les prairies et les plantes sarclées. Quant à la partie solide, riche aussi en azote et surtout en acide phosphorique, on l'incorpore à de la terre, de la sciure de bois, et on l'emploie dans la culture des crucifères. Dans les usines ouvertes pour l'*exploitation* des vidanges **urbaines,** on forme du sulfate d'ammoniaque avec la partie liquide et de la poudrette avec la partie solide.

Le guano provient d'excréments et de cadavres d'oiseaux de mer sur la côte et les îles du Pérou. C'est un engrais riche en azote et en acide phosphorique. Mélangé avec la poudre d'os, il forme le phospho-guano. Le guano convient aux prairies et aux céréales. Il faut bien se garder de le mélanger avec de la chaux, car on lui ferait perdre tout son azote ammoniacal.

La colombine est produite par les oiseaux de la basse-cour. Elle s'emploie comme le guano, mais est moins riche. Les mauvaises herbes obligent à ne s'en servir que pour les plantes fourragères.

On emploie le sang après l'avoir **désinfecté** et

fait sécher, ou on le traite tout frais avec de la chaux délitée jusqu'à ce que l'on obtienne un mélange de consistance solide qu'il est facile de pulvériser. après dessiccation. Il s'emploie au moment des semailles; mais il n'apporte au sol que de l'azote et il faut le compléter par d'autres engrais, s'il y a lieu.

Dans les clos d'équarissages, les chairs sont cuites de façon à pouvoir en enlever la graisse qui sert à la fabrication des bougies. La viande est *pulvérisée* et employée comme le sang.

Les poils, les crins, les laines, les cheveux, les cornes constituent des engrais très azotés. On les emploie surtout en composts destinés à la culture des arbres fruitiers.

Le noir animal ou résidu de la calcination des os en vase clos forme un excellent engrais. Employé au raffinage du sucre, avec du sang de bœuf, il s'enrichit de la substance de ce dernier. Les noirs s'emploient pour la culture des céréales, du blé noir, des crucifères, choux, navets, ruta-bagas, etc.

---

* *Exploitation*, parti que l'on tire de quelque chose; *vidanges urbaines*, excréments que l'on recueille en ville; *désinfecter*, enlever la mauvaise odeur; *pulvériser*, réduire en poudre.

1° Faire disparaître la mauvaise odeur des fosses d'aisances à l'aide du sulfate de fer.
2° Chauffer à l'ébullition un peu d'urine dans un vase en terre et ajouter un peu de chaux; il se dégage une odeur ammoniacale

Les Fumiers et leur Composition.

Les fumiers sont les engrais mixtes qui proviennent du mélange des déjections animales avec les substances employées comme litières. Leur valeur, naturellement variable, dépend de l'espèce des animaux, de leur nourriture, de la nature des litières.

Ce sont les excréments qui forment la partie la plus riche des fumiers. Tout ce qui est donné aux animaux sous forme de nourriture et qui n'est pas utilisé soit pour la réparation de leurs forces, soit pour la production du lait, des veaux, de la laine, etc., se retrouve dans les excréments. On peut donc en conclure que plus les animaux sont abondamment et richement nourris, plus les déjections qu'ils fournissent ont de valeur comme engrais.

Le fumier de cheval, chaud et riche, convient aux terres froides et argileuses, mais il n'est que de peu de durée dans le sol. Les déjections du mouton *s'allient* mal aux litières, mais fermentent assez vite et donnent un fumier riche qui convient à toutes les terres. Enfin les déjections de vache et de porc sont très *fluides* et capables de mouiller beaucoup de litière. Elles donnent un fumier lent à fermenter, mais qui se maintient plus longtemps dans le sol; il doit être préféré dans les terres légères. Le mélange de ces fumiers fournit le fumier de ferme dont les *éléments* se corrigent mutuellement et fournissent un engrais moyen, convenant à toutes les terres et à toutes les cultures.

Une bonne litière jouit d'un grand pouvoir absorbant; de plus, elle est riche en principes nutritifs et facilement décomposable. Les pailles de céréales et les balles sont les meilleures. Les pailles de sarrazin et les fanes de pommes de terre, riches en azote et en acide phosphorique, et qui entrent vite en fermentation dans les fumiers, sont également de bonnes litières. Les feuilles et les bruyères, riches en azote, les fougères et les joncs, très riches en potasse, feraient encore d'excellentes litières s'ils absorbaient mieux les déjections et se décomposaient plus facilement. On les utilise en les employant sous la paille. La tourbe est un très bon absorbant et forme d'excellent fumier. Viennent enfin les mousses, les sciures, la terre sèche.

La litière doit être renouvelée ou au moins retournée tous les jours, en y ajoutant de la litière fraîche.

Le phosphatage des fumiers à l'étable, à raison d'un kilog. par jour et par tête de bétail, empêche la déperdition d'azote et enrichit l'engrais d'acide phosphorique assimilable. Cette *pratique* ne saurait être trop recommandée.

S'allient, imprègnent ; *fluides*, qui coulent ; *éléments*, parties d'un tout ; *pratique*, méthode, manière de faire.

Soins à apporter au Fumier et au Purin.

Parmi les qualités que chacun reconnaît au cultivateur, il en est une généralement incontestée, c'est l'économie. Il en est bon nombre cependant auxquels on pourrait reprocher la prodigalité.

N'est-ce pas être prodigue, en effet, que de laisser perdre une richesse qui, au lieu de féconder le sol, vicie l'air par sa mauvaise odeur et va se perdre dans les fossés ou gâter l'eau des abreuvoirs?

On a calculé que la valeur des engrais perdus annuellement en France dépassait un demi-milliard. Si les soins à donner aux fumiers devaient coûter de l'argent, on comprendrait jusqu'à un certain point cette négligence, mais un peu de travail suffirait pour conserver cette richesse dont les cultivateurs tireraient tant de profit.

Un agriculteur qui laisse s'écouler tout le purin de son fumier est aussi insensé que celui qui jetterait par la fenêtre ses pièces d'argent pour conserver ses gros sous. Semblable au bétail mal nourri, la terre qui n'est fumée qu'avec des fumiers desséchés par le soleil ou noyés par les pluies ne donne que de maigres produits.

Au sortir de l'étable, on doit conduire le fumier sur une plate-forme rendue *imperméable*, et entourée de petites rigoles aboutissant à une fosse également étanche. Autant que possible, cette plate-forme sera établie dans une encoignure s'ouvrant au nord.

Le tas doit être monté régulièrement et par couches que l'on foule pour empêcher le dessé-chement et la fermentation et on l'arrose avec le purin de la fosse. On *saupoudre* quelquefois les couches de ce tas avec du plâtre ou on les recouvre avec un lit d'argile.

Les fumiers longs et frais conviennent aux terres fortes et aux plantes végétant lentement; les fumiers consommés sont préférables pour les terres légères et les cultures rapides. Tous doivent être répandus uniformément sur le sol et enterrés aussitôt par un labour.

Le purin n'est autre chose que de l'urine qui a entraîné avec elle plus ou moins de *matières fécales*. C'est un engrais fort puissant, car il renferme sous une forme promptement assimilable jusqu'à 15 % d'azote et 49 % de potasse, tandis que les fumiers de ferme contiennent à peine 5 à 6 % de chacun de ces principes nutritifs.

Le purin est de plus facile conservation que le fumier. On y jette du plâtre ou du sulfate de fer quand il prend l'odeur piquante de l'ammoniaque et on évite ainsi toute déperdition d'azote.

Le purin est employé à l'arrosage des fumiers. *L'excédent* est coupé de son poids d'eau et sert à l'arrosage des prairies naturelles et des plantes sarclées. Au lieu d'employer le purin liquide, on peut aussi le faire absorber par de la terre criblée ou de la sciure de bois que l'on répand ensuite comme un fumier ordinaire.

Imperméable, que l'on ne peut traverser; *saupoudre,* semer de la poudre; *matières fécales,* excréments ; l'*excédent,* le surplus.

1° Calculer le poids en or d'un demi-milliard.

2° Chercher combien cela représente de pièces de 20 fr.

3° Renouveler avec du purin l'expérience de Franklin avec le plâtre.

4° Visiter une ferme où les fumiers sont négligés.

5° Visiter une ferme où les fumiers sont traités conformément aux règles qui précèdent.

6° Montrer la déperdition du fumier exposé à l'air, à l'aide d'un flacon rempli de fumier et de purin et qui communique avec un pot de ray-grass rempli de terre stérile.

7° Filtrer du purin dans un pot rempli de terre presque stérile, puis y semer de l'orge et arroser. Comparer avec un pot où l'on n'a pas mis de purin.

Les Engrais minéraux azotés.

Le fumier de ferme est impuissant à rendre à la terre tous les éléments fertilisants qu'elle a perdus. On remédie à cette insuffisance à l'aide des engrais minéraux qu'on appelle aussi engrais chimiques.

Toutefois, il doit être bien entendu que ces engrais ne sauraient remplacer le fumier de ferme, ils ne font que le compléter.

Les engrais minéraux azotés les plus employés sont le nitrate de soude et le sulfate d'ammoniaque.

Le nitrate de soude renferme de 14 à 16 % d'azote. C'est un sel blanc qui *fuse* sur des charbons ardents. On le rencontre en bancs épais au Chili et au Pérou.

Cet engrais produit un effet immédiat et énergique sur la végétation, non seulement parce qu'il est très soluble, mais parce que, sous cette forme, l'azote peut être absorbé par les racines des plantes.

Dans les terrains perméables, le nitrate de soude est facilement entraîné par l'eau des pluies à des profondeurs où il est perdu. Il convient donc de ne l'employer qu'au printemps en *couverture*. On le répand à la dose à 100 à 200 kilos à l'hectare.

Comme tous les autres engrais azotés, le nitrate de soude a pour effet de développer la partie verte des végétaux ; on l'utilise pour donner de la vigueur aux plantes sarclées et aux cultures herbacées. Employé à dose modérée, il produit le meilleur effet sur les céréales jaunies à la suite des rigueurs de l'hiver.

La nitrification ou formation des nitrates dans le sol se réalise dans certaines conditions que nous n'avons pas à examiner ici. Très abondante au Chili, au Pérou, elle s'opère également dans nos terres par le seul fait de la décomposition des fumiers organiques. Comme elle est favorisée par les chaleurs et les orages, par un sol bien aéré et amendé de calcaire, nous pouvons profiter en partie de ces indications pour accélérer, au besoin, la nitrification des engrais.

Le sulfate d'ammoniaque se fabrique dans de grandes usines avec les liquides des *dépotoirs*, des fosses d'aisances, et les eaux qui ont servi au lavage du gaz d'éclairage. Le sulfate d'ammoniaque, qui a la forme de cristaux blancs, renferme 20 °/₀ d'azote. Il est employé comme le nitrate ; mais comme il est moins soluble et qu'il doit subir la nitrification avant de devenir assimilable, on l'enterre par un labour à l'automne. Il ne donne de bons résultats que dans les terres suffisamment pourvues de calcaire.

Fuse, se répand en fondant ; *en couverture,* à la surface ; *dépotoirs,* fosses à vidanges.

1° Faire fuser du nitrate de soude.

2° Faire dissoudre du sulfate d'ammoniaque dans l'eau et ajouter de l'eau de chaux. Il se forme un précipité et il y a dégagement d'ammoniaque.

3° Répandre en couverture du nitrate de soude à la dose de 150 kilog. à l'hectare sur une planche de blé. Comparer avec la planche voisine.

Les Engrais minéraux phosphatés.

L'étude des engrais minéraux présente quelque aridité, cependant elle est si importante qu'on ne saurait y apporter trop d'attention.

A la suite des engrais minéraux azotés, les engrais minéraux phosphatés sont les plus importants.

Les engrais minéraux phosphatés sont formés de phosphate de chaux en mélange avec du sable, de la craie, du plâtre et d'autres matières étrangères. Il y en a plusieurs variétés : les phosphates naturels, les superphosphates, le phosphate précidité et les *scories* de *déphosphoration.*

Les phosphates naturels sont de deux sortes, les phosphates fossiles et les phosphates cristallins. Ces derniers, quoique plus riches en acide phosphorique que les autres, sont moins estimés parce qu'ils sont moins solubles et partant moins assimilables. En réduisant les phosphates en poudre, on rend leur assimilation plus facile en augmentant leur surface attaquable par les acides du sol. On en trouve des gisements importants dans le Cotentin, les Ardennes, la Meuse, le Boulonnais, l'Oise, la Belgique. Ils renferment de 16 à 25 °/₀ d'acide phosphorique.

On obtient les superphosphates en traitant par l'acide sulfurique les phosphates minéraux et les phosphates d'os. Solubles dans l'eau, chaque particule de terre se trouve en contact avec leurs principes fertilisants, de sorte que les superphosphates sont regardés comme les engrais phosphatés les plus promptement assimilables.

En traitant un superphosphate par l'eau de chaux, on obtient un phosphate précipité, sorte de poudre blanche très fine, qui contient l'énorme quantité de 30 à 45 °/₀ d'acide phosphorique.

Les scories de déphosphoration sont les résidus que l'on obtient dans les usines *métallurgiques* en ajoutant à la fonte liquide une certaine quantité de calcaire et de *magnésie* pour en extraire le phosphore qui rend le métal cassant. Elles contiennent de 7 à 20 °/₀ d'acide phosphorique.

Dans les terres pauvres en acide phosphorique,

les engrais phosphatés apportent aux plantes l'appoint nécessaire pour la constitution d'une solide charpente et la formation des graines. Ils augmentent considérablement les rendements du blé, des prairies et surtout des plantes sarclées. Les phosphates naturels et les scories de déphosphoration, d'un prix relativement peu élevé, doivent être employés de préférence aux superphosphates et aux phosphates précipités, si ce n'est dans les prairies hautes et les terrains élevés. Leur action se fait particulièrement sentir dans les prairies humides, riches en humus, les sols acides et tourbeux. Les scories, d'autre part, agissent comme chaulage dans les terres dépourvues de calcaire. Tous ces engrais s'enterrent à la herse ou préférablement à la charrue.

Scories, matières rejetées par un métal en fusion ; *déphosphoration*, action d'enlever le phosphore ; *métallurgiques*, où l'on travaille les métaux ; *magnésie*, terre blanche, insipide, employée dans les laboratoires et l'industrie.

Répandre un phosphate naturel à la dose de 700 kilogrammes à l'hectare sur une planche qui doit recevoir du blé. Comparer avec la planche voisine.

Engrais minéraux potassiques et Engrais calcaires.

Les engrais minéraux potassiques les plus utiles à connaître sont le chlorure de potassium, le sulfate et le nitrate de potasse, auxquels il convient d'ajouter les cendres et la suie.

Le chlorure de potassium est un sel blanc très soluble dans l'eau. On l'extrait des *eaux mères* des marais salants et des cendres de *varechs*. Il se trouve aussi en grande quantité à l'état naturel dans les mines de Stassfurt en Prusse. A l'état pur, ce sel renferme 63 °/₀ de potasse; mais le chlorure de potassium du commerce n'est jamais pur. C'est le moins cher des engrais potassiques et il donne de bons résultats.

Le sulfate de potasse a les origines et les propriétés du chlorure de potassium. Il peut doser jusqu'à 53 °/₀ de potasse. Son prix est un peu plus élevé que le précédent, parce qu'il est plus vite assimilable.

Le nitrate de potasse ou salpêtre est employé pour la culture du tabac. Extrait autrefois des vieux platras et des *efflorescences* des murs humides, on le tire aujourd'hui par les mêmes procédés de certains sols salpêtrés d'Espagne, d'Égypte et des Indes. Il renferme 12 à 14 °/₀ d'azote et 44 à 47 °/₀ de potasse.

Les cendres des végétaux renferment, à l'exception de l'azote, tous les éléments que les plantes doivent trouver dans le sol pour leur nourriture. Les cendres de houille ou de tourbe n'ont de valeur que par la grande quantité de chaux qu'elles contiennent. Les charrées ou cendres lessivées ont perdu une partie de leur potasse.

La suie est à la fois un engrais azoté et potassique. Elle renferme différents sels ammoniacaux et de la potasse.

Toutes les plantes à graines font une grande consommation de ces engrais. Il en est de même de certains autres végétaux cultivés comme fourrages, tels que trèfles, vesces, luzernes, pommes de terre, carottes, betteraves. Lorsqu'on emploie le chlorure, il faut enterrer cet engrais aussi longtemps que possible à l'avance, afin qu'il ait le temps de se transformer dans le sol et ne nuise pas à la levée des graines. Le sulfate convient mieux aux terres pauvres en calcaire. Les cendres et les suies conviennent aux terres tourbeuses et débarrassent les prairies des joncs, carex, mousses.

Les matières calcaires sont des amendements pour la nature physique du sol, ce sont aussi des engrais pour les plantes auxquelles elles fournissent un principe nutritif. C'est ainsi qu'il faut considérer la chaux, la marne, les faluns, les cendres de houille et de tourbe. Le plâtre ou sulfate de chaux qui s'emploie, soit à l'état vert ou hydraté, soit à l'état cuit, n'est pas un amendement, mais un engrais calcaire. De plus, c'est un excitant, c'est-à-dire qu'il favorise l'assimilation par les plantes des autres principes nutritifs et particulièrement de la potasse contenue dans les roches argileuses. Semé au printemps en couverture, le plâtre produit un **effet superbe** sur les plantes de la famille des légumineuses.

On l'emploie également pour fixer l'ammoniaque des fumiers et pour faciliter l'épandage des mélanges d'engrais chimiques.

Eaux mères, eaux dont on a extrait les cristaux de sel; *varechs*, plantes marines; *efflorescences*, matières pulvérulentes à la surface des murs humides; *effet superbe*, rappeler l'expérience de Franklin pour démontrer les bons effets du plâtre.

1º Faire dissoudre du chlorure de potassium dans de l'eau, puis faire évaporer;

2º Mélanger un peu de charbon en poudre, de fleur de soufre et de nitrate de potasse. Enflammer avec précaution, c'est de la poudre;

3º Lessiver des cendres à l'eau bouillante, enlever une tache de graisse;

4º Distinguer le plâtre de la chaux. L'eau de plâtre ne se trouble pas quand on souffle dedans;

5º Observer l'effet du plâtre répandu sur une planche de pois.

Achat des Engrais chimiques.
(Loi du 4 février 1888.)
Les *Syndicats* agricoles.

On a si souvent répété aux cultivateurs que l'emploi intelligent des phosphates et des nitrates améliorait leurs terres et augmentait les rendements, que quelques-uns se décident à tenter l'expérience. Ils achètent des engrais chimiques qu'ils emploient suivant la méthode qu'on leur a indiquée et ils s'aperçoivent que leurs produits ne sont pas sensiblement supérieurs à ceux des années précédentes.

Cela tient le plus souvent à ce qu'ils se sont adressés à des négociants peu *scrupuleux* qui les ont trompés sur la nature et la qualité de leurs marchandises. Il n'en est pas moins vrai que, découragés par ce résultat, ils renoncent à faire de nouveaux sacrifices et retombent dans leur **routine**.

La fraude des engrais, si fatale au progrès et à la prospérité de nos campagnes, est sévèrement réprimée par la loi du 4 février 1888. Cette loi punit d'un emprisonnement de dix jours à un mois et d'une amende de 50 à 2 000 fr. les marchands qui auront trompé ou tenté de tromper l'acheteur sur la nature, la composition, la provenance des engrais qu'ils vendent.

Sont également punis d'une amende les commerçants qui n'auront pas fourni, soit dans le contrat même, soit dans le double de la commission délivrée à l'acheteur au moment de la vente, soit dans la facture remise au moment de la livraison, la **provenance** de l'engrais avec les poids d'azote, d'acide phosphorique et de potasse contenus dans 100 kilogrammes de marchandises. La nature de la combinaison de ces corps devra être également indiquée.

Toutefois la teneur exacte des principes fertilisants des engrais n'est pas obligatoire, lorsqu'il est stipulé dans le marché que le règlement du prix ne se fera qu'après l'analyse. Mais alors mention sera faite du prix du kilogramme d'azote, d'acide phosphorique et de potasse.

Grâce à ces précautions, le cultivateur possède toutes les garanties qu'il peut désirer. Il ne doit pas craindre de les exiger et de recourir à la Station agronomique la plus rapprochée pour l'analyse des engrais qu'il achète. Ce n'est qu'à cette condition qu'il trouvera dans ses rendements une large compensation des sacrifices pécuniaires qu'il se sera imposés.

Le meilleur moyen pour lui, d'ailleurs, et le plus simple de ne pas être trompé, c'est de s'affilier à un Syndicat agricole qui lui procurera des engrais chimiques purs à des conditions très avantageuses.

Syndicats, sociétés qui, achetant les produits en grand, peuvent les revendre meilleur marché ; *scrupuleux*, honnêtes, consciencieux ; *routine*, habitude de faire toujours la même chose ; *provenance*, origine, lieu de production.

Semer du blé dans cinq pots : le premier, sans engrais, comme témoin ; le deuxième, avec un engrais complet ; le troisième, avec un engrais complet, moins l'azote ; le quatrième, avec un engrais complet, moins le phosphate ; le cinquième, avec un engrais complet, moins la potasse. Voir les résultats aux différentes époques de la végétation.

Choix des Engrais suivant les Cultures et les Terrains.

Les engrais azotés développent les parties vertes des plantes. Les engrais phosphatés et les engrais calcaires leur donnent une solide charpente. Les engrais potassiques favorisent la formation et la multiplication des fleurs et des fruits.

Mais il en est des végétaux comme des animaux, certains sont de grands mangeurs, alors que les autres se nourrissent de peu. De plus, chacun préfère tel ou tel principe qu'il absorbe en grande quantité et dont l'insuffisance lui est funeste.

C'est pourquoi il est nécessaire de proportionner les doses d'engrais aux exigences des cultures et il faut donner à chacune l'élément qu'elle préfère, sa dominante, comme on l'appelle. Ainsi, les céréales, les graminées des prairies, le colza, le chanvre, les betteraves et les carottes ont pour dominante l'azote; le sarrazin, le maïs, les navets, les choux ont pour dominante l'acide phosphorique; les légumineuses des prairies, des champs, des jardins, les pommes de terre, le lin, le tabac ont pour dominante la potasse. Il serait trop long de donner ici un tableau de la composition des plantes. Mais en rapprochant ces indications, qu'il est facile de se procurer, des résultats obtenus dans l'analyse d'un sol, on serait édifié sur la nature et les doses d'engrais qui lui conviennent. Cette opération est d'autant plus utile que « l'excès d'un élément est aussi nuisible que son insuffisance ». (Instruction ministérielle du 4 janvier 1897).

Dans la région du **Nord-Ouest**, par exemple, les terrains généralement granitiques ou schisteux sont pauvres en chaux et en acide phosphorique, mais riches en potasse, voici comment on pourra procéder :

Tous les huit ou neuf ans, les terres recevront des amendements calcaires en quantité convenable.

A celles qui doivent porter des plantes sarclées, on appliquera chaque fois de bon fumier de ferme comme fumure de fond. De plus, on remédiera à la pauvreté *originelle* du sol en acide phosphorique en lui incorporant 5 à 600 kilos à l'hectare de phosphates naturels ou un engrais équivalent. Enfin, on y ajoutera la dominante convenable, soit 150 à 200 kilos de chlorure de potassium, pour les pommes de terre, par exemple; 2 à 300 kilos de nitrate de soude pour les carottes et les betteraves; 2 à 300 kilos d'engrais phosphatés pour compléter la fumure en acide phosphorique, s'il s'agit de maïs, de choux, de navets, etc.

Il est facile d'appliquer cette méthode *rationnelle* à n'importe quel sol.

Autant que possible, on ne fera pas d'application directe du fumier à la culture des céréales. Cultivées après les plantes sarclées, elles n'ont besoin que d'un engrais azoté, en couverture, au printemps. Si elles succèdent à un fourrage, on donnera un engrais phosphaté au moment de la culture et, au printemps, un engrais azoté, en couverture.

Dans les prairies naturelles, les purins fourniront l'azote aux graminées et la potasse aux légumineuses. Ces apports seront complétés par des cendres, des composts, et on n'oubliera pas de phosphater tous les trois ou quatre ans.

Les légumineuses des prairies artificielles puisent dans l'air l'azote qui leur est nécessaire. Mais si l'on peut se dispenser de leur donner des engrais azotés, il faudra leur assurer une forte quantité d'engrais potassiques et phosphatés.

Enfin le sarrazin se trouvera très bien des phosphates et surtout du **phospho-guano.**

Nord-Ouest, Normandie, Bretagne, Maine, Anjou; *originelle*, d'origine, qui tient à la composition du sol; *rationnelle*, réfléchie, raisonnée, fondée sur la science; *phospho-guano*, mélange d'os et de guano.

1° Semer un blé en pot avec engrais complet, mais avec excès de potasse.

2° Semer un blé en pot avec un engrais complet, bien équilibré. Examiner le résultat.

V

CULTURES

Choix des Plantes de Culture et de l'Assolement.

Un cultivateur non seulement connaîtra la nature du sol de la ferme dont il prend la direction, mais il doit encore se renseigner sur les cultures qui y prospèrent et sur celles dont il peut tirer le meilleur parti.

Ce n'est pas tout. Une plante cultivée continuellement à la même place appauvrit le sol de l'élément qui constitue sa dominante et les autres éléments deviennent inutiles et même nuisibles. De plus, certaines plantes sont *salissantes* et seraient vite étouffées par les mauvaises herbes, si elles n'étaient remplacées par des plantes sarclées ou des plantes étouffantes comme le trèfle. Enfin, les plantes ne sont pas également *épuisantes*. Quelques-unes même donnent au sol plus qu'elles ne lui enlèvent.

De ce qui précède résulte la nécessité de faire alterner les cultures sur un même terrain, c'est-à-dire de faire choix d'un assolement judicieux et rationnel.

Un des meilleurs assolements et le plus simple est l'assolement quadriennal, ou de quatre ans, dont le tableau suivant peut donner une idée.

ANNÉES	ÉTENDUE DES TERRES CULTIVABLES			
	1re PARTIE ou SOLE	2e PARTIE ou SOLE	3e PARTIE ou SOLE	4e PARTIE ou SOLE
1re	Plantes sarclées ou Sarrazin.	Céréales de printemps.	Trèfles ou autres Fourrages.	Céréales d'hiver.
2^e	Céréales de printemps.	Trèfles au autres Fourrages.	Céréales d'hiver.	Plantes sarclées ou Sarrazin.
3^e	Trèfles ou autres Fourrages.	Céréales d'hiver.	Plantes sarclées ou Sarrazin.	Céréales de printemps.
4^e	Céréales d'hiver.	Plantes sarclées ou Sarrazin.	Céréales de printemps.	Trèfles et Fourrages divers.

Avec cet assolement, tous les ans une même étendue de terre est consacrée à chaque culture, qui se trouve dans les meilleures conditions pour réussir et préparer les suivantes. D'un autre côté, les fourrages nombreux qu'il permet d'obtenir facilitent l'élevage des bestiaux et partant la production des fumiers.

Malheureusement, l'assolement triennal est beaucoup plus répandu. Il comporte la culture du sarrazin pour la première année, la culture du blé pour la deuxième, la culture de l'avoine pour la troisième, sans données fixes pour la culture du trèfle et des plantes sarclées. En se reportant aux motifs d'alternances, on voit ce que cette méthode présente de défectueux au point de vue de la réussite des cultures, surtout en troisième année. Puis, la production du fourrage est sacrifiée, il y a peu de bestiaux, et, comme conséquence, insuffisance de fumiers.

Cet état de choses est dû à la routine et aussi à la durée habituelle des *baux* (trois, six, neuf ans). Cette question de l'assolement mérite d'attirer l'attention des cultivateurs intelligents. Toutefois, qu'ils agissent avec prudence et en raison de leurs ressources en capitaux et en engrais. En agriculture, le progrès ne va point par sauts, et vouloir tout bouleverser d'un coup, c'est se préparer d'amères *déceptions*.

Salissantes, qui laissent pousser et se reproduire les mauvaises herbes ; *épuisantes*, qui appauvrissent la terre ; *baux*, contrats qui lient les propriétaires et les fermiers ; *déceptions*, surprises désagréables, désillusions.

1° Déraciner une tige de blé et une tige de luzerne. Montrer que l'une prend sa nourriture à la surface du sol et l'autre à une grande profondeur.

2° Visiter un champ de céréales, constater qu'il renferme de mauvaises herbes.

3° Visiter un champ de trèfle, constater que les mauvaises plantes sont étouffées.

Choix des Semences et Ensemencements.

Pour obtenir de riches récoltes, il ne suffit pas d'ameublir le sol et de le fertiliser par les engrais, il faut encore lui confier de bonnes semences.

La première qualité que l'on doit rechercher

dans une semence est la faculté germinative. Il y a lieu de rejeter comme impropres à l'ensemencement les graines petites, vieillies, ou qui ont perdu leur couleur luisante et sentent mauvais. On se rend, d'ailleurs, facilement compte de leur faculté germinative à l'aide du procédé de **Mathieu de Dombasle**. On garnit le fond d'une assiette d'une couche de coton sur laquelle on dispose un nombre déterminé de graines, puis on mouille le coton avec un peu d'eau et on le maintient humide pendant toute la période de germination. En comptant le nombre de graines qui ont germé, on établit le tant pour 100 de leur faculté germinative. Cette proportion doit être de 95 °/₀ pour les céréales, de 50 à 55 °/₀ pour les graminées des prairies, de 60 °/₀ pour les trèfles.

En outre de la faculté germinative, on doit encore rechercher dans la semence la puissance productive, la précocité et la **rusticité**. Or, ces qualités sont presque toujours en rapport direct avec la grosseur et le poids de la graine. En opérant une **sélection**, on est certain d'avoir une belle semence. Voici comment on la pratique pour le froment, l'orge, le seigle, par exemple. Au moment de la maturité complète, on choisit les plus beaux épis sur les tiges les plus droites et ayant le mieux **tallé**. On coupe le sommet et la base de chaque épi et, l'année suivante, on ensemence les grains du milieu à une distance de 25 centimètres, dans un terrain découvert, moyennement riche en azote et en acide phosphorique. On opère de même avec les beaux épis que l'on récolte et, au bout de trois ans, on obtient des semences de qualités remarquables.

La pureté des semences est également indispensable. Il faut apprendre à reconnaître les mauvaises graines qui pourraient les gâter, telles que la cuscute et la mélampyre, et n'acheter que sous garantie.

L'époque des semailles varie suivant les régions et les terrains. Plus le climat est froid, plus les ensemencements d'hiver doivent être précoces et plus les cultures de printemps doivent être retardées. Enfin les terres argileuses seront ensemencées les premières, et les terres légères un peu plus tard.

On sème de deux façons : à la volée ou en lignes.

L'ensemencement à la volée exige une grande habileté pour que la répartition de la semence soit bien uniforme. S'il fait du vent, cette opération se fait mal. De plus, ce procédé rend les sarclages difficiles.

Avec les ensemencements en lignes (au semoir dans les champs, à la main au jardin), on opère en tout temps et on économise plus d'un tiers de la semence. Les sarclages sont faciles, l'air et la lumière pénètrent entre les lignes.

L'enterrement des semences doit se faire à une profondeur de 5 ou 6 diamètres de la graine.

Quand les graines sont petites, on tasse la terre à la bêche ou au rouleau. Les graines enfouiés à plus de 10 centimètres peuvent ne pas germer. Il faut que la jeune tige de la plante soit hors de terre à la fin de la germination.

Mathieu de Dombasle, célèbre agronome ; *rusticité*, résistance ; *sélection*, choix ; *ayant tallé*, ayant produit des rejetons, multiplié.

1° Constater la qualité germinative de diverses graines.
2° Faire plusieurs années de suite la sélection d'une variété de blé.
3° Visiter un champ semé à la volée et un champ semé en lignes.

Fourrages *dérobés*.

Tout agriculteur soucieux de ses intérêts doit cultiver sur une large échelle les fourrages dérobés.

Cette pratique, en effet, a l'avantage d'étouffer les mauvaises herbes à peine levées, ou bien d'en empêcher la reproduction en ne donnant pas à leurs graines le temps de mûrir. Elle permet, en outre, de nourrir abondamment et économiquement un nombreux bétail à l'entrée du printemps, ce qui est un avantage immense, surtout à la suite des années de sécheresse qui laissent les **fenils** si mal garnis.

Les plantes les plus communément cultivées comme fourrages dérobés sont la navette, le seigle, les vesces et le trèfle incarnat.

1° La navette est une espèce de navet dont la racine reste grêle, mais dont la tige et les feuilles donnent un bon fourrage vert. On la sème jusqu'en octobre après une plante *sarclée* et à raison de 15 kilogrammes à l'hectare. Après une céréale, il ne faut la cultiver que dans un terrain sain, bien ameubli et bien fumé. D'ailleurs, l'application des engrais dans ce cas n'est qu'un commencement de préparation pour la culture suivante. La récolte, bonne à couper en mars-avril, doit toujours se faire avant la floraison.

2° Le seigle donne un excellent fourrage vert. Il a l'avantage de *prospérer* dans les terres relativement pauvres et les landes nouvellement défrichées. Son seul inconvénient est de durcir vite, encore y remédie-t-on par des ensemencements successifs qui donnent des coupes bonnes à prendre les unes après les autres. Les semailles se font après céréales, de septembre à novembre, sur un terrain de préférence léger, mais toujours bien ameubli et bien fumé. On coupe en mars-avril avant l'épiaison.

3° Les vesces donnent aux bovidés un fourrage vert très nutritif et très abondant sur les terres un peu argileuses, bien ameublies et enrichies d'un engrais phospho-potassique. On sème la vesce velue jusqu'en octobre à la dose de 150 kilogrammes à l'hectare, et la vesce d'hiver jusqu'en novembre, après une céréale ou un trèfle manqué, à la dose de 80 kilogrammes mélangés avec 50 kilogrammes de seigle. C'est la vesce velue qui est la plus rustique. Elle donne deux coupes, dont la première fin avril, un mois avant l'unique coupe de vesce d'hiver.

4° Le trèfle *incarnat* est le plus avantageux des fourrages dérobés à cause de la facilité, du peu de dépense, du produit abondant de sa culture. On le sème en août-septembre, sur simple déchaumage, en terre moyenne, saine, renfermant un peu de calcaire, à raison de 40 kilogrammes de graine nue à l'hectare, ou préférablement 130 kilogrammes de graine en bourre. On recouvre au rouleau. La récolte se fait au mois de mai suivant.

Fenils, greniers à foin ; *sarclée*, débarrassée des mauvaises herbes ; *prospérer*, réussir ; *incarnat*, couleur de chair.

Culture du Blé.

Depuis l'introduction des blés d'Amérique dans notre pays, les cultivateurs se plaignent que la culture du froment n'est plus suffisamment **rémunératrice**. Puisqu'ils ne peuvent plus vendre leur blé un prix élevé, il faut qu'ils s'efforcent d'en vendre davantage, cela établira une compensation. Au lieu de se lamenter, — ce qui ne remédie à rien, — qu'ils se mettent donc résolument à l'œuvre ! Les conditions favorables de climat et de sol dans lesquelles se trouve notre pays permettront de doubler le rendement du blé, c'est-à-dire de le porter de 15 hectolitres à 30 hectolitres à l'hectare, moyennant de faciles, mais importantes améliorations de culture.

1° Il faudrait se préoccuper plus qu'on ne le fait du terrain destiné aux *emblavures*. Les sols employés à cet effet doivent être pris parmi les plus argileux et, en même temps, les plus riches et les plus sains de la ferme. En terre trop légère ou trop pauvre, le blé ne réussit pas à cause de ses exigences de nutrition. Il en est de même dans les sols tourbeux ou nouvellement défrichés dont l'humus, quoique abondant, est acide, et qui conviennent mieux à l'avoine et au seigle. La culture du blé doit se faire en terrain très propre, après du trèfle, du sarrazin ou des plantes sarclées, mais jamais après une autre céréale, par crainte des mauvaises herbes.

2° On ne devrait pas appliquer le fumier directement à la culture du blé. A moins d'être phosphaté à l'étable, le fumier est insuffisant à petite dose pour assurer de hauts rendements; en trop grande quantité, il provoque la verse. D'un autre côté, il favorise la *propagation* des herbes nuisibles, car il renferme de mauvaises graines qui lèvent en même temps que la bonne semence La plante sarclée qui précède devra donc être fumée richement. Et si le sol n'est pas jugé assez riche pour l'emblavure, on répandra 7 à 800 kilogrammes de phosphate de chaux à l'hectare avant le dernier labour, et au printemps on sèmera en couverture de 100 à 150 kilogrammes de nitrate de soude.

3° Les variétés de blé à mettre en culture doivent être choisies parmi les plus recommandables, comme le Schiref, le Dattel, le blé rouge de Bordeaux, et le blé du pays amélioré par deux ou trois années de *sélection*. Les bons grains sont gros, brillants, pesants, et ils ont été fournis par de beaux épis.

4° Il est bon de sulfater légèrement la semence pour mettre la récolte à l'abri des maladies *cryptogamiques* et, en général, de pratiquer l'ensemencement de bonne heure, afin que le blé soit fortement enraciné au moment des froids. Le semoir mécanique permet une grande économie de semence, une levée plus régulière et, pour les pieds, une aération qui les rend vigoureux et résistants à la verse. Enfin on n'oubliera pas de pratiquer au commencement du printemps un vigoureux hersage. Le blé, ainsi rechaussé, tallera beaucoup mieux.

Emblavures, ensemencements de blé; *propagation*, action de répandre, de multiplier; *sélection*, choix des plus beaux grains sur les plus beaux épis; *cryptogamiques*, dues à de petites plantes parasites.

1° Présenter les épis des variétés de blé les plus recommandables.

2° Montrer de belles semences et des semences défectueuses.

3° Pétrir sous un filet d'eau de la farine. Ce qui reste entre les mains est le gluten. L'amidon se dépose au fond de l'eau. Brûler du gluten, apprécier l'odeur.

4° Visite à plusieurs champs de blé. S'informer dans quelle condition le blé a été fumé et semé. Apprécier les résultats.

5° Préparer trois planches pour y semer du blé, l'une sans engrais; l'autre avec l'engrais habituel du pays; la troisième enfin avec addition d'engrais complémentaires.

Céréales de Printemps.

Les céréales de printemps sont des variétés de blés, d'avoines et d'orges que leur rapidité de végétation permet de cultiver à la fin de l'hiver ou au commencement du printemps. Il y a encore des cultivateurs ignorants qui les sèment après le blé d'automne, cet usage favorise la multiplication des mauvaises herbes, épuise le sol et ne donne que de minimes produits. Leur véritable place est après les plantes sarclées. La terre est alors enrichie par des apports considérables d'engrais de la culture précédente et il est facile de préparer le sol que les binages ont laissé *meuble* et net. Le rendement dans ces conditions est considérable.

Les variétés de blés de printemps se sèment de janvier à mars. Mieux vaut *différer* un peu que de semer par un mauvais temps. Comme pour les variétés d'automne, les sols convenant aux blés de printemps sont les terres franches et les terres argileuses. L'ameublissement est obtenu par un labour d'hiver puis, au moment de l'ensemencement, par un dernier labour ou un fort hersage. Si on juge la richesse du sol insuffisante, on enterre 3 ou 400 kilogrammes de phosphate de chaux à l'hectare et plus tard on sème *en couverture* 100 à 150 kilogrammes de nitrate de soude.

Les avoines de printemps se sèment de février en avril. Il est avantageux de semer clair, car l'avoine *talle* beaucoup et donne alors du grain de meilleure qualité. Les sols à blé lui conviennent, mais elle s'accommode également des terres acides. Pour montrer l'avantage de la culture de l'avoine après une plante sarclée, il suffit de dire que le rendement à l'hectare atteint facilement de 60 à 70 hectolitres, tandis qu'après une autre céréale, il n'est que de 15 à 30 hectolitres. Et le résultat est le même pour l'orge.

Les orges, dans lesquelles on sème le trèfle, veulent des terres légères, meubles, fraîches et amendées de calcaire. Si on ne dispose que de terres fortes, on peut cependant espérer un bon produit, à condition que le sol soit ameubli par plusieurs labours et riche en principes nutritifs. Les ensemencements se font d'avril en mai, par un temps sec et chaud. S'il survient de la pluie, il faut rompre par un hersage la croûte qui s'est formée, si l'on ne veut pas compromettre la récolte.

Pendant la végétation, les céréales de printemps demandent quelques soins. Lorsque la plante souffre et que les feuilles tirent sur le jaune, on emploie pour y remédier le nitrate de soude en couverture. D'autre part, un hersage énergique détruit les mauvaises herbes dont on pourrait craindre l'invasion. Dans les terres légères, un coup de rouleau consolide les racines et contrarie les ravages des insectes.

Meuble, dont la terre brisée est menue, facile à travailler ; *différer*, attendre ; *en couverture*, à la surface ; *talle*, multiplie ses tiges.

Visite à des champs renfermant des céréales de printemps. Appréciation raisonnée des résultats.

Avantages des Plantes sarclées. Culture de la Pomme de terre.

La culture des plantes sarclées (pommes de terre, betteraves, carottes, navets, rutabagas, choux, etc.) remplace avantageusèment la *jachère* improductive dont on faisait jadis suivre les céréales sous prétexte de reposer le sol. Elle nettoie la couche arable par des façons préparatoires ; elle l'approfondit et l'enrichit de principes nutritifs. D'autre part, elle permet de nourrir l'hiver, aussi richement qu'à l'été, un nombre considérable d'animaux.

Pour préparer convenablement le sol en vue de la culture des plantes sarclées, on commence par donner à l'été un *déchaumage* de 8 à 10 centimètres, qui, avec un hersage, détruit les mauvaises herbes. Un labour profond d'hiver laisse la couche arable exposée à l'influence des gelées. Enfin, un dernier labour et des hersages en mars-avril amènent la terre à l'état d'ameublement voulu.

Sur toutes les plantes sarclées, l'apport du fumier d'étable doit être considérable et il se fait en deux fois : la première moitié dans le labour d'hiver et la deuxième dans le labour de printemps. On peut remplacer la seconde moitié de fumure par des engrais chimiques. On obtient ainsi de plus beaux produits et la céréale suivante n'est pas si exposée à la verse.

La pomme de terre est une plante précieuse tant pour la nourriture de l'homme que pour l'engraissement des animaux.

Les terrains qui conviennent le mieux à la pomme de terre sont les sols légers, parmi lesquels on doit placer au premier rang les sables granitiques, très riches en potasse. On obtient encore de bons rendements dans les terres fortes bien préparées et abondamment fumées ; mais la qualité est moins bonne, surtout dans les années humides, et la pomme de terre est plus sujette à la maladie.

Après avoir préparé le sol tel qu'il a été indiqué précédemment, on répand à l'hectare, sur le labour de printemps, 150 kilogrammes de nitrate de soude, 4 à 500 kilogrammes de superphosphate, 200 kilogrammes de chlorure de potassium. Cela fait, on donne un fort hersage, puis un dernier labour, dans lequel on fait la plantation à 50 centimètres, sur rangées espacées de 60 centimètres. Les tubercules employés comme semence doivent être de moyenne grosseur et de forme très pure. Ils se sèment entiers, à mi-hauteur de la bande retournée, c'est-à-dire à 10 ou 12 centimètres de profondeur.

Lorsque les pommes de terre commencent à lever, le temps étant favorable et la terre *ressuyée*, on donne un coup de herse, qui rompt la croûte superficielle. Plus tard, deux ou trois binages maintiennent la terre meuble. Enfin, un léger buttage, avant la floraison, empêche de verdir les tubercules qui se trouvent à la surface et les garantit de la maladie.

Un moyen de les garantir plus sûrement encore de la maladie est de détruire les *spores* sur les feuilles à l'aide d'une bouillie bordelaise composée de 2 kilogrammes de sulfate de cuivre, même quantité de chaux et de mélasse et 100 litres d'eau.

Les tubercules grossissent tant qu'il reste un petit bouquet de feuilles vertes. C'est donc un tort de couper prématurément les fanes ou de procéder à un arrachage trop hâtif.

Jachère, terrain non cultivé ; *déchaumage*, léger labour destiné à enterrer le chaume ; *ressuyée*, séchée, ayant perdu son excès d'eau ; *spores*, germes de la maladie.

1° Extraire la fécule de la pomme de terre râpée au moyen d'un filet d'eau.
2° Conservation des pommes de terre dans les caves ou dans les celliers.

Culture des Betteraves et des Carottes.

La réussite de la betterave, plante à racine pivotante et à végétation rapide, dépend surtout de la fertilité de la couche arable et de sa profondeur. Cependant les sols qui lui conviennent le mieux sont les terres fraîches et les terres fortes bien **ameublies** et richement fumées.

La culture par semis en place est la meilleure toutes les fois que l'on dispose d'un terrain bien net et bien ameubli au commencement d'avril. On établit alors des ados distants de 40 centimètres et on les dresse au rateau, puis suivant la ligne **médiane** formant sommet, on sème dans des trous espacés de 30 centimètres et profonds de 2 à 3 centimètres quatre ou cinq graines de betteraves que l'on a eu soin de mouiller pour favoriser la germination. Quand les plants ont trois ou quatre feuilles, on arrache les sujets les plus faibles de chaque touffe pour laisser seulement le plus robuste. On dit alors qu'on démarie les sujets. Avec des écartements de 80 centimètres sur 50, pratiqués par quelques-uns, on obtient des racines beaucoup plus grosses, mais très **aqueuses** et très pauvres en sucre.

Pendant leur végétation, les betteraves exigent des sarclages et des binages. Binage vaut arrosage, dit-on. Une détestable pratique est celle de l'effeuillage, qui ne fournit qu'un aliment peu nutritif et diminue considérablement la grosseur des racines. Comme les betteraves craignent les gelées, on doit les ramasser dès la première quinzaine d'octobre et autant que possible par un beau temps. On conserve les racines saines en silos.

La culture de la carotte, pour être productive, demande à être faite sur des terrains un peu sablonneux, mais gardant cependant une certaine fraîcheur en été. En sol trop compact, on ne peut espérer de beaux produits qu'à grand renfort de travaux d'ameublissement. Il faut au moins trois ou quatre labours préparatoires, avec au moins autant de hersages et de roulages.

Comme pour la betterave et les autres plantes sarclées, on emploiera successivement le fumier et les engrais chimiques, puis on fera les semailles au mois d'avril. Quelquefois on sème à plat, mais il vaut mieux le faire sur de petits billons distants de 35 à 40 centimètres, ensuite on recouvre légèrement.

Aussitôt que les carottes sont levées, on doit faire un premier sarclage et un premier binage, suivis bientôt de plusieurs autres, de façon à tenir la terre meuble et propre. Entre temps, et sitôt que les jeunes plantes ont atteint leurs premières feuilles, on éclaircit les lignes, afin que les racines soient à 25 ou 30 centimètres les unes des autres.

Les carottes conviennent à la nourriture de tous les animaux et surtout à celle des chevaux. Lors de l'arrachage, fin octobre ou commencement de novembre, on laisse les racines quelque temps sur le sol, puis lorsqu'elles ont été lavées par les pluies et séchées, on les ramasse dans des celliers ou en *silos*.

Ameublies, travaillées, labourées ; *médiane*, du milieu ; *aqueuses*, remplies d'eau ; *silos*, cavités où l'on conserve les racines et autres végétaux.

Visite à des champs de betteraves et de carottes. Appréciation des procédés de culture.

Culture des Choux, du Sarrazin.

Les choux fourragers s'accommodent de tous les terrains, riches ou pauvres, légers ou forts, doux ou acides, pourvu qu'ils soient labourés profondément, capables de conserver de la fraîcheur pendant l'été et de ne pas retenir trop d'humidité en hiver.

La préparation de la terre et la fumure des choux et de toutes les plantes sarclées sont les mêmes que pour la pomme de terre.

Comme la culture du choux se fait toujours par **repiquage**, il faut préalablement, et en temps convenable, faire un semis sur une terre bien ameublie et bien fumée. On sème épais et l'on enterre la graine au rateau, puis on recouvre la planche avec du fumier pailleux, des genêts, des ajoncs, de façon à empêcher le sol d'être battu par les pluies. Lorsque les jeunes choux sont levés, on emploie des cendres pour combattre un insecte, l'*altise*.

Voici comment se fait le repiquage. Les sujets sont mis en terre à la charrue, à la tranche ou au plantoir, de façon à ce qu'ils soient enfoncés à 1 centimètre au-dessous du cœur. Les lignes doivent être espacées de 75 à 80 centimètres et sur rang les choux doivent être à 50 ou 60 centimètres de distance.

Puis on bine et on butte en temps convenable.

Quand le moment de la récolte est venu, on effeuille progressivement, non en arrachant les feuilles et du même coup en écorchant le chou, mais en cassant le pétiole.

En terre légère, les choux sont souvent attaqués par un petit insecte qui se loge dans la racine. Mais on a remarqué que les plantations tardives, fin juin, n'ont rien à craindre de cet insecte.

Le sarrazin, grâce à sa végétation très rapide, est une plante peu épuisante qui ne se laisse pas envahir par les mauvaises herbes et qui, à côté des plantes sarclées, peut préparer à la culture d'une céréale.

Les terrains qui lui conviennent sont les sols légers, les sables granitiques et les terres de défrichement. Comme engrais, on donne ordinairement au sarrazin des produits **pulvérulents** riches en acide phosphorique, tels que les noirs, les phosphates fossiles. Les cendres de bois qui renferment de la potasse donnent des résultats remarquables au point de vue de la quantité du grain.

Les semailles de sarrazin se font fin mai ou commencement de juin, et immédiatement après le dernier labour, car si le temps est sec et chaud, la surface du sol se dessèche et n'offre plus un milieu convenable pour un prompt départ de la germination S'il vient à tomber de la pluie entre le dernier labour et l'ensemencement, il convient, pour faire celui-ci, d'attendre que le sol soit ressuyé et de donner un léger hersage. Il faut semer clair afin que des tiges *latérales* se développent et assurent un fort rendement. Par un beau temps la levée est rapide; elle est lente, si la pluie forme une croûte sur le sol. Les tiges et les feuilles rouges annoncent une végétation souffrante. Un léger hersage a raison de cet inconvénient. A partir de sa 3ᵉ feuille, la végétation du sarrazin est favorisée par une alternance de petites pluies et de chaleur. Au moment de la floraison, les orages, les pluies et les vents empêchent la fécondation, et il faut un beau temps pour lui permettre de mûrir. La récolte du sarrazin se fait lorsque la plus grande partie des grains sont noirs.

Repiquage, opération qui consiste à changer un végétal de place ; *allise*, puce de jardin ; *pulvérulents*, réduits en poussière ; *latérales*, sur les côtés.

1º Visite à un champ de choux.
2º La galette. Procédé de fabrication. Moulin à blé noir. Crible en crins.

Prairies naturelles. Création et entretien.

Les prairies naturelles, herbages et pâturages, ont une importance exceptionnelle pour la nourriture du bétail. Elles rapportent beaucoup et leur entretien occasionne peu de frais. Il y a donc lieu de chercher à en établir dans nos fermes qui n'en ont pas suffisamment.

Lorsqu'on veut créer une prairie naturelle de bon rapport, une des conditions essentielles est de choisir une terre humide, mais d'aussi bonne qualité que possible. Ce choix étant fait, on dresse le sol, en lui laissant ses grandes *ondulations*, on l'assainit par un drainage ou par des fossés d'écoulement, puis on le laboure, on l'engraisse et on y cultive une plante sarclée afin de le nettoyer. Alors seulement on peut songer à l'ensemencement des graines destinées à la création de la prairie.

Les balayures des greniers à foin ne valent rien, car les graines n'étaient pas assez mûres quand on a coupé le foin. Lors donc que l'on veut se procurer de la graine par soi-même, on fera bien de laisser mûrir à point l'herbe d'un coin de bonne prairie et battre cette herbe comme du blé. Le vrai moyen d'avoir un choix irréprochable serait encore de s'adresser à un grainier *consciencieux* et connaisseur.

C'est en septembre sur sol nu, ou préférablement au printemps dans une céréale que l'on doit faire les semailles. Afin d'avoir une répartition bien égale, on commence par le mélange des graines légères des graminées pour finir par les graines plus lourdes des légumineuses. Un léger hersage, puis un coup de rouleau recouvrent l'ensemencement.

Les mauvaises herbes, telles que les chardons, les joncs, la berce, le carex, l'oseille, la renoncule, le plantain, les mousses, ayant une action très nuisible dans les prairies, il convient de les enlever par un sarclage. La destruction des mousses s'obtient facilement en semant à l'hectare 300 kilogrammes de sulfate de fer en mélange avec deux ou trois fois son volume de sable ou de terreau. Il ne faut pas oublier non plus d'enlever les feuilles sèches, dont les couches plus ou moins épaisses détruisent la *végétation*.

Enfin le hersage et le roulage des prairies ne sauraient être trop recommandés. Le premier détruit les mousses, régularise le sol en faisant disparaître les *taupinières* et surtout favorise dans la terre l'introduction de l'air nécessaire à l'assimilation des engrais. Le second facilite le tallage des graminées.

Les prairies doivent être convenablement engraissées, à l'aide de fumier, de purin, etc. Dans les prairies basses, les phosphates et les cendres font merveille.

L'irrigation, d'autre part, peut doubler le rapport de certaines prairies. Et pour terminer, n'oublions pas que le foin doit être coupé en pleine floraison. Trop tard, il perd en grande partie ses sucs nutritifs.

Ondulations, les hauts et les bas ; *consciencieux,* honnête ; *végétation,* action de pousser; *taupinières*, petits tas de terre formés par les taupes.

Placer sous les yeux des élèves les principales plantes des prairies. Distinguer les bonnes des mauvaises.

Prairies artificielles.

On appelle prairies **artificielles** les champs cultivés au moyen d'ensemencements de plantes bi-annuelles ou **vivaces** comme le trèfle, la luzerne, le ray-grass. Ces sortes de cultures sont avantageuses, non seulement à cause de l'excellence et de la quantité de leurs produits, mais parce que les légumineuses qui en forment généralement la base enrichissent le sol de l'azote qu'elles puisent dans l'air par les nodosités de leurs racines. D'autre part, leur végétation vigoureuse ne laisse pas place aux mauvaises herbes et nettoie la terre pour la culture du blé.

Dans notre région, le trèfle prospère dans les sols substantiels et un peu argileux, amendés de calcaire. Sans ce dernier élément, la culture ne réussit pas et c'est facile à comprendre, puisque le trèfle renferme 18 à 19 °/₀ de chaux. C'est au printemps, dans une céréale- déjà levée, et plus particulièrement dans l'orge, que l'on doit semer le trèfle.

On a une coupe au moment de la récolte de l'orge et le trèfle est souvent assez fort pour donner une autre coupe en automne. S'il en est ainsi, il faut faucher de bonne heure, car les tiges nouvellement repoussées seraient trop délicates pour résister au froid de l'hiver. D'autre part, le *pacage* serait mauvais, parce que le sol manque de fermeté.

Au printemps de leur deuxième année de végétation, les tréflières se trouvent bien d'une couverture de plâtre, puis d'un coup de herse qui divise l'engrais, rechausse les pieds et détruit les mauvaises herbes. Lorsqu'on veut faire du foin de trèfle, il faut le couper en pleine floraison. La deuxième coupe renferme les fleurs les plus fécondes, c'est elle qui doit fournir les graines.

Il doit s'écouler au moins huit ans entre deux cultures de trèfle. Il faut bien veiller à ce que la graine ne renferme pas de *cuscute,* autrement la culture serait compromise.

Il y a une plante de prairie artificielle meilleure encore que le trèfle : c'est la luzerne, qui dure fort longtemps et donne chaque année trois ou quatre coupes d'un foin extrêmement nutritif. Malheureusement, elle exige pour le développement de ses racines un sol profond et perméable. Elle demande un climat très doux et prospère mieux dans le midi que dans le nord, et sur la côte qu'à l'intérieur.

Le ray-grass est une graminée qui fournit un fourrage très nourrissant, surtout pour les chevaux. Il aime les terres fertiles et fraîches. La végétation, d'abord très lente, se rattrape une fois la céréale enlevée et l'herbe talle fortement à l'automne, surtout si on lui donne un coup de rouleau. L'année suivante, le sol bien garni donne un produit d'autant plus considérable que l'humidité de la terre est plus grande. Avec des arrosages de purin, le rendement pourra encore être augmenté.

Artificielles, dont on renouvelle les semences ; *vivaces*, qui durent plus de deux ans ; *pacage*, méthode qui consiste à faire manger l'herbe sur place ; *cuscute*, plante qui s'attache aux autres et les étouffe.

1º Variétés de trèfles. Les reconnaître.
2º Visiter des champs de trèfle, de luzerne, de ray-grass ; rechercher s'il y a de la cuscute.

Plantation du Pommier.

Chaque ferme devrait avoir sa pépinière. Ce serait plus économique, et les sujets employés, n'étant pas transplantés dans une terre différente, réussiraient mieux. Pour une création de ce genre, on sème des pépins de pommes amères ou de pommes sauvages. Pendant que le semis se développe, on prépare le sol destiné à la pépinière par un fort défoncement accompagné d'un apport considérable de fumier bien consommé ou de terreau formé de vieux marc mêlé de chaux et de phosphate.

On déterre les pommiers qui ont atteint la grosseur voulue, en prenant garde de meurtrir les racines. On rogne la principale d'entre elles, le pivot, et on coupe l'extrémité des autres ; puis on plante en *quinconce* à une distance uniforme de 0^m,80.

Au bout d'un an, on coupe chaque plant à 4 ou 5 centimètres au-dessus du sol et l'on conserve le jet principal fourni au printemps par le pied ainsi rabattu. Il s'agit de soigner ce jet de façon qu'au bout de cinq ou six ans il soit vigoureux, à écorce lisse, exempt de nœuds et de bosses. Il mesure alors de 2 à 2^m,20 sur 10 à 12 centimètres de circonférence moyenne.

Pour arriver à ce résultat, on coupe au ras de la tige les grosses branches latérales, mais on ne supprime que petit à petit les *brindilles,* afin que la sève ne soit pas attirée plus haut et que le pommier puisse grossir. Lorsque l'arbre a deux mètres, on fait disparaître toutes ces brindilles et l'on coupe le sommet de la tige principale pour former la tête.

Entre temps, le sol de la pépinière doit constamment être *perméable,* net et frais, à l'aide de bêchages *superficiels,* de sarclages, de couches de feuilles.

Les fosses destinées à recevoir les plants ont de 1 à 2 mètres de diamètre et de 0^m,70 à 1 mètre de profondeur, selon la perméabilité de terrain. On met en tas distincts la terre du sol et la terre du sous-sol.

On arrache de la pépinière les sujets de belle venue en prenant bien garde de casser les racines, puis on rogne celles qui ont été meurtries ou brisées. Chaque pied est déposé sur un lit de terre végétale et on remplit avec la bonne terre, mélangée de fumier fait, et de 3 à 400 grammes de phosphate de chaux, de sulfate de fer et de chlorure de potassium. On remplit ensuite avec la mauvaise terre, également mélangée d'engrais, et on achève avec un peu de terre végétale réservée pour la fin. Puis on foule modérément et on met des gardes aux jeunes arbres.

Au bout de deux ou trois ans, on **greffe** en fente avec une bonne variété recommandée dans les concours pomologiques de la région.

Quinconce, en forme de V ; *brindilles*, petites branches ; *perméable*, qui laisse passer l'eau ; *superficiels*, à la surface ; *greffer*, enter sur le sujet un morceau d'une excellente espèce de pommier qui lui donne ses qualités.

1° Établir une pépinière dans un carré du jardin. Les soins lui seront donnés avec l'aide des élèves. On visitera les pépinières du voisinage, qui donneront lieu à d'importantes remarques.

2° Pratiquer et faire pratiquer le greffage.

Soins à apporter au pommier; ses parasites.

On oublie trop souvent que le pommier, tout comme un animal, a besoin de manger pour vivre, pour grandir et pour produire. Si on ne lui fournit que peu ou point d'engrais, il fait comme la vache mal soignée, qui maigrit et ne donne plus de lait.

Quels sont donc les engrais qui conviennent au pommier? Ce sont des terreaux de marc, enrichis de phosphate de chaux et de plâtre, ou bien encore un engrais chimique complet où dominent l'acide phosphorique, la chaux et la potasse. On introduit ces matières dans le sol voisin du pied par un bêchage superficiel. Dans le cas où l'arbre ne pousse pas, on peut employer le purin additionné d'eau pour activer la végétation *foliacée*.

D'autre part, il faut couper les parties mortes et *élaguer* en hiver l'excès de bois qui nuit à la pénétration de l'air et de la lumière dans les branches.

Parmi les *parasites* du pommier, il faut d'abord citer le gui, qui détourne la sève de l'arbre pour s'en nourrir. Une loi spéciale ordonne bien à propos la destruction de cette plante avant la maturation de ses fruits dont les grives sont très friandes et qu'elles disséminent sur d'autres arbres.

Les mousses et les *lichens* non seulement se développent sur les vieux arbres, mais aussi sur les jeunes, surtout lorsque le sol est trop humide. Ce sont des nids à vermine et des suceurs de sève. On les fait disparaître par un badigeonnage au lait de chaux, additionné d'argile et de sulfate de fer.

La pourriture des racines provient d'une terre trop humide. On y remédie par le drainage et les amendements.

Le blanc des racines est un petit champignon

qui s'attaque d'abord au collet de l'arbre, gagne les racines et les fait pourrir. On le détruit par des aspersions d'eau additionnée de 10 grammes de sulfate de cuivre par litre.

Les chancres sont causés par la mauvaise qualité du sol, et surtout par des plaies *contuses* aux racines et aux branches. Pour y remédier on enlève la partie morte et on recouvre avec du mastic à greffer. La carie est une aggravation du chancre. Il faut nettoyer l'endroit carié et remplir les cavités d'un mortier de chaux, de sable, de sulfate de fer.

Pour ce qui est des parasites animaux du pommier, nous aurons occasion d'en parler ailleurs.

Foliacée, des feuilles ; *élaguer*, supprimer ; *parasite*, qui vit aux dépens d'autrui ; *lichens*, sortes de mousse qui poussent généralement sur les rochers ; *contuses*, provenant d'instruments aratoires qui meurtrissent le plant.

1° Observer s'il y a du gui dans les pommiers de la région.

2° Visiter un cultivateur intelligent lorsqu'il donne ses soins aux pommiers.

3° Certains pommiers dépérissent, rechercher les causes et indiquer remèdes.

Les *Ferments* du Cidre. Récolte des Pommes.

La bonne fabrication du cidre doit reposer sur la connaissance du travail des ferments. Étudions donc un peu ces infiniment petits.

Les ferments sont des êtres microscopiques à forme plus ou moins arrondie et qui se multiplient par bourgeonnement avec une incroyable rapidité. Il y en a des espèces très nombreuses, les unes bonnes, les autres mauvaises, dont les germes sont répandus à profusion dans l'air. Ces germes guettent les circonstances favorables à leur développement, et quand ils les ont rencontrées, ils s'attaquent aux matières organiques, les décomposent et fournissent, suivant leur espèce, un travail tantôt utile, tantôt nuisible pour nous. Les ferments, introduits dans le fût avec le *moût*, transforment le sucre de celui-ci en alcool, avec dégagement d'acide carbonique et tout le remue-ménage que l'on observe quelques jours après avoir entonné. Cette fermentation nous donne du cidre, et ce cidre est d'autant meilleur que le ferment alcoolique est lui-même d'excellente qualité. C'est un autre ferment qui le fait aigrir, un autre qui le rend gras, un autre qui fait pourrir les pommes. Autant il faut chercher à développer le premier, autant on doit s'efforcer de nuire au développement des derniers.

Que nous faut-il maintenant ? Rapporter simplement à ces données nos opérations relatives à la fabrication du cidre. Les pommes doivent être ramassées presque mûres et avec la plus grande propreté, afin qu'au moment de la fabrication, on n'introduise que ce qui peut être favorable à une bonne fermentation et à la conservation du cidre. En les cueillant par un beau temps, sur une toile, on opère dans les meilleures conditions possibles, mais il est rare qu'on prenne ces précautions.

Il doit s'écouler un certain temps entre la cueillette et la fabrication du cidre : les pommes achèvent de mûrir et gagnent leur maximum de sucre et de parfum. Placées sur des planches en tas de peu d'épaisseur, à l'abri d'un hangar autant que possible, afin que la pluie ne vienne pas enlever les bons ferments dont les pommes sont couvertes et soutirer le sucre qu'elles renferment, les fruits sont bientôt mûrs. Ceux qui sont pourris n'ont plus de sucre et doivent être rejetés à cause du ferment *putride* qu'ils renferment. Les pommes tombées *prématurément* ne peuvent servir qu'à la fabrication d'un cidre inférieur.

Ferments, microbes, animaux infiniment petits, qui provoquent la fermentation ; *moût,* cidre doux ; *putride,* corrompu ; *prématurément,* avant la maturité.

1º Mettre pomme ou poire dans un verre d'eau et remarquer qu'après huitaine l'eau a goût de cidre ou de poiré et les fruits goût d'eau.

2º Variétés de pommes de la région. Apprendre à les distinguer. Leurs qualités.

Fabrication du Cidre.

Pour avoir de bon cidre, on mélange les variétés de même maturation dans les proportions suivantes : $\frac{5}{8}$ de pommes douces contre $\frac{1}{4}$ de pommes amères et $\frac{1}{8}$ de pommes aigres.

Les fruits doux apportent du sucre producteur

de l’alcool, auquel le cidre doit sa force, et du *mucilage*, substance onctueuse qui préserve l’alcool du *ferment acétique*. Les fruits amers, outre leur sucre, donnent le tannin, qui est un clarifiant et un préservatif contre la graisse. Enfin les pommes aigres donnent l’acidité nécessaire au développement de la saveur et du parfum du cidre.

Le broyage des pommes doit se faire avec des instruments et dans un milieu très propres.

Le *macérage* ne favorise pas la coloration du pur jus. On peut donc le supprimer. Mais on doit y avoir recours pour tous les cidres où l’on fait entrer de l’eau. Cette opération ne doit pas durer plus de 12 ou 15 heures et il faut avoir soin de remuer le marc pour éviter un échauffement trop considérable.

Les seules eaux à employer sont les eaux potables : les eaux calcaires font noircir le cidre, celles qui renferment des matières organiques lui communiquent un mauvais goût et des principes nuisibles à la santé.

La paille employée pour monter le tas du marc sur la *maie* doit être très propre. Elle est, d’ailleurs, avantageusement remplacée par des claies d’osier et des toiles de chanvre soigneusement lavées à l’eau bouillante après chaque emploi.

On presse lentement d’abord, puis progressivement : le meilleur jus sort le dernier. Lorsque le marc pressuré est remis à tremper avec de l'eau, on obtient un cidre de deuxième qualité qui sert de boisson pendant l'hiver.

Les tonneaux, défoncés, lavés, rincés énergiquement, égouttés et renfoncés sont en état de recevoir le moût.

Pendant la fermentation, les fûts restent ouverts et la cave est aérée.

Le soutirage se fait après la clarification. Les fabricants soigneux soutirent à la pompe, en fûts soufrés où la deuxième fermentation se fait plus lentement, et les tonneaux complètement pleins, sont bondés avec des faussets de sûreté formant *soupape*. Par leurs bons procédés de fabrication et de soutirage, ils arrivent à produire des cidres de premier choix, qu'ils vendent au loin un fort bon prix.

Mucilage, partie nourrissante ; *ferment acétique*, qui change le cidre en vinaigre ; *macérage*, trempage du marc dans le jus du cidre ou dans l'eau ; *maie*, table du pressoir : *soupape*, couvercle qui s'ouvre en dehors sous l'action d'une force intérieure.

1º Si l'instituteur fabrique son cidre, faire examiner aux élèves tous les détails de l'opération. Constater la bonne conservation du cidre pendant toute l'année.

2º Conduire les enfants chez un cultivateur renommé pour sa fabrication du cidre.

VI

ANIMAUX DE LA FERME
LEURS PRODUITS.

Le Bétail à l'Étable.

Le bétail maintenu à l'étable produit plus d'engrais et utilise mieux la nourriture que celui qui est laissé presque constamment au pâturage; mais il demande une habitation saine, si on veut qu'il évite les maladies, surtout la **pneumonie** et la tuberculose.

Et d'abord, chaque animal doit avoir assez d'espace pour qu'il soit à l'aise et que l'on puisse lui assurer facilement le service de la nourriture et de la propreté. Dans une étable où les animaux sont rangés sur deux lignes, tête au mur, on donne à la pièce une largeur de $7^m,50$ à 8 mètres, savoir 60 à 70 centimètres pour les crèches, $2^m,30$ à $2^m,40$ pour chaque rangée d'animaux, et le reste pour l'allée du milieu.

Le sol de l'étable ne formera pas cuvette, mais il doit être exhaussé et disposé de manière à pouvoir rejeter le purin à l'extérieur. On y arrive en inclinant très légèrement, d'avant en arrière, l'espace réservé aux animaux et, de chaque côté du couloir, on creuse deux rigoles avec une pente suffisante pour que le purin se rende jusqu'à la fosse creusée au dehors. Il va sans dire que le sol doit être imperméable.

Le renouvellement de l'air dans les étables est indispensable pour chasser l'acide carbonique et les vapeurs **ammoniacales**. Pour arriver à une bonne aération, on ouvre, sur les côtés opposés aux vents dominants ou humides et froids, des fenêtres que l'on place aussi près que possible du plafond. L'air, venant du dehors, ne se met pas brusquement en contact avec les animaux. Il ne faut pas que la température descende au-dessous de 12 à 15 degrés, température **propice** à une bonne **lactation**.

En même temps que les fenêtres permettent une bonne aération, elles assurent l'entrée de la lumière, et c'est un point important, car les animaux comme les plantes, souffrent du manque de lumière ; ils sont taquinés davantage par les mouches pendant les grandes chaleurs, et ils sont sujets aux maux d'yeux, sitôt qu'ils sortent.

Après cette question d'aménagement, reste la question de la propreté qui en est le complément obligé. Les fumiers doivent être fréquemment enlevés et les animaux pourvus d'une bonne litière. Il est important de donner chaque jour un pansage, soit avec un simple bouchon de paille, soit avec une brosse en chiendent. Les animaux bien pansés ont le poil brillant, se nourrissent mieux et engraissent plus facilement.

Pneumonie, fluxion de poitrine; *ammoniacales*, qui dégagent de l'ammoniaque, gaz servant à la nourriture des plantes; *propice*, favorable; *lactation*, production du lait.

1° Visite d'une ferme dont les étables trop étroites sont mal installées.

2° Visite à une ferme dont les étables sont spacieuses, bien éclairées, bien aérées, bien installées, en un mot.

Le Cheval et le Bœuf.

En allant à l'école vous avez vu le laboureur cultiver la terre. Ses fidèles compagnons, les chevaux et les bœufs, l'aidaient de toutes leurs forces. Ce sont les animaux qui lui rendent le plus de services.

Le cheval a des proportions élégantes et harmonieuses. Son corps est recouvert de poils courts, mais ceux du sommet du cou et de la queue sont exceptionnellement longs, ce sont les crins. Son pied n'est pas divisé et est recouvert d'un sabot.

« La plus noble conquête que l'homme ait jamais faite, dit Buffon, est celle du cheval, ce fier et fougueux animal qui partage avec lui les fatigues de la guerre et la gloire des combats. » Nous apprécions encore plus les services qu'il rend à l'agriculture et aux travailleurs de tout genre qu'il aide dans leur labeur.

Les races de chevaux les plus connues que l'on élève en France sont : 1° la race bretonne, très sobre et très résistante ; 2° la race **percheronne**, (généralement gris fer ou gris pommelé), robuste et en même temps rapide, que l'on emploie particulièrement dans les cas où il faut joindre la rapidité à la force. Elle rend de grands services aux compagnies d'omnibus ; 3° la race **boulonnaise**, épaisse et trapue, utilisée dans le gros camionnage.

Il ne faut pas demander au cheval plus que sa force ne peut donner. On voit encore des charretiers frapper leurs chevaux avec brutalité ou des cochers leur faire prendre une allure excessive. La *loi* punit avec raison de pareils actes qui, d'ailleurs, avec l'adoucissement de nos mœurs, se font de plus en plus rares.

Le bœuf, patient, fort et robuste, est l'animal de labour par excellence. Sa tête est armée de cornes recourbées auxquelles on fixe le joug qui permet de l'atteler ; ses pieds sont fourchus. Son allure est moins saccadée que celle du cheval. Il trace de son pas tranquille ces sillons dont la régularité et la belle ordonnance nous émerveillent.

Les principales races de notre région sont les races normande, bretonne, mancelle, **parthenaise**.

Le bœuf et la vache ruminent, c'est-à-dire qu'ils ramènent dans leur bouche, pour les broyer, les aliments accumulés dans l'estomac. Leur estomac se compose de quatre compartiments : la panse, le bonnet, le feuillet et la caillette.

Non seulement le bœuf nous donne son travail et la vache son lait ; mais après leur mort, il n'est pas une partie de leur corps qui ne soit utilisée. Leur chair nourrissante et savoureuse joue un rôle considérable dans l'alimentation. Avec leur peau on fabrique des cuirs forts et résistants. Les cornes, le poil, les os, le sang sont également utilisés dans diverses industries.

Remarque importante. Les cultivateurs devraient veiller davantage au choix de leurs animaux de ferme. Un animal bien fait, de race appropriée à la région, n'est pas plus difficile à nourrir que ces animaux informes qui composent souvent leurs étables. Il ne mange pas davantage et rapporte beaucoup plus.

Percheronne, du Perche, ancien pays compris dans l'Orne et l'Eure-et-Loir ; *boulonnaise*, du pays de Boulogne ; *loi*, loi Grammont ; *parthenaise*, du pays de Parthenay (Deux-Sèvres).

1º Visiter une ferme où les animaux sont renommés. Faire distinguer les races, s'il y a lieu. Apprendre à connaître l'âge des chevaux.

2º Profiter d'un comice agricole pour compléter ces notions.

3º Voir les divisions de l'estomac d'un ruminant chez un boucher.

Choix d'une Vache laitière. Soins à lui donner.

Les bonnes laitières ont la tête fine, l'encolure développée, la poitrine spacieuse, la ligne *lom-*

baire horizontale, le dos et les reins larges. Les mamelles très volumineuses sont allongées sous l'*abdomen* et non ramassées sur elles-mêmes ; le tissu en est souple et mou comme une éponge. Les trayons, longs et écartés, sont quelquefois, signe très favorable, accompagnés de trayons supplémentaires. Les veines des mamelles sont très apparentes. Enfin l'écusson, espèce de figure placée sur la partie postérieure et délimitée par une ligne de poils poussant à revers, a une grande largeur au niveau des mamelles.

Il est évident que si le choix de la bête est important, les soins à lui donner le sont également. L'hygiène et la propreté, nécessaires à la santé, sont par là même des facteurs essentiels de la quantité et de la qualité du lait. Il en est de même de la nourriture. D'une façon générale, on doit lui donner en hiver des aliments **concentrés**, tels que du son, de l'orge moulu, des tourteaux auxquels on ajoute des aliments aqueux comme les betteraves, et des aliments secs et ligneux comme le foin. Le mélange de ces substances et la division de celles qui sont trop dures ou trop volumineuses favorisent considérablement le repas des animaux. Une condition essentielle aussi, à ce point de vue, c'est que chaque ration ait un volume suffisant pour *lester* convenablement la panse.

Au printemps, les fourrages dérobés remplacent les racines épuisées et permettent d'attendre la nourriture d'été dont la base est le trèfle. Il faut user sobrement de la navette, qui communique au beurre un goût désagréable.

Pour compléter ce que nous venons de dire de l'alimentation, ajoutons que les vaches doivent avoir à boire à discrétion et qu'il est toujours bon de faire tiédir l'eau qu'on leur donne.

La traite doit être pratiquée à fond matin, midi et soir. La propreté du lait étant fort importante, il n'est pas inutile de dire que l'on doit laver le pis avant de traire. Enfin, comme d'une traite à l'autre il reste toujours un peu de lait dans la conduite de chaque trayon, le premier jet qui part sous la pression de la main ne doit pas être recueilli.

Lombaire, qui part des reins ; *abdomen*, ventre ; *concentrés*, qui donnent beaucoup de nourriture sous un petit volume ; *lester*, charger.

Dans la visite des étables, distinguer aux traits ci-dessus les meilleures vaches laitières.

Le Lait. — La Laiterie.

Non seulement il est nécessaire de laver le pis des vaches avant de les traire, et de laisser échapper le premier jet du lait, mais il faut encore passer à l'eau bouillante tous les ustensiles de la laiterie, chaudrons, terrines, tamis, etc., afin d'éviter, autant que possible, la propagation des ferments. C'est que le lait est composé d'éléments (crème, sucre de lait, caséum) facilement *altérables ;* sa conservation est toute une affaire de soins et de propreté.

Il aime le calme, le demi-jour, la fraîcheur, l'air pur, une température égale variant de 10 à 13 degrés. Mais on ne peut obtenir ces résultats qu'avec une laiterie comprenant intérieurement une chambre de conservation, une laverie et un couloir de séparation.

La plupart des fermiers n'ont pas de pièce spéciale pour déposer et travailler le lait. Aussi qu'arrive-t-il ? Au contact de toutes sortes de produits, le lait prend mauvais goût ; l'hiver, ils le font approcher du feu et, s'il est chauffé trop fortement, il s'épaissit avant que la crème ait eu le temps de monter à la surface. L'été, il fait trop chaud et le même cas se produit. Dans tous les cas, il y a perte sur la quantité et sur la qualité du beurre.

Il y aurait donc tout avantage à supprimer tous les coffres ou armoires à lait placés, soit dans la chambre commune, soit dans la pièce de décharge, et à établir une laiterie, uniquement réservée au traitement du lait. Il est inutile pour cela de faire de grands frais. On peut se contenter d'une petite construction carrée de 3 mètres de haut, édifiée à proximité de la ferme, dans un lieu sain, tranquille, éloigné de tout foyer de fermentation et abrité de la chaleur et du froid. En guise de plafond, on place sur les murs un plancher soutenu par des poutrelles inclinées. Ce plancher sert d'appui à un toit formé de **ciment** sur lequel repose une couche de gazon. Les ouvertures sont garnies de **treillis** en fer, afin que l'on puisse renouveler l'air, tout en interdisant l'accès de la laiterie aux mouches, aux rats et aux souris.

Les murs sont blanchis à la chaux ; le sol, recouvert d'un **dallage** ou d'un ciment, est en pente, avec rigole au bas, de façon qu'on puisse laver à grande eau.

La laiterie sera munie d'un thermomètre. L'hiver, on chauffera avec un poêle ; l'été, on rafraîchira le lait, en plongeant les vases qui le contiennent dans des réserves d'eau froide.

Altérables, qui s'altèrent, qui perdent leurs qualités ; *ciment,* mortier très dur ; *treillis,* toile peu serrée ; *dallage,* sol muni de dalles, c'est-à-dire de pierres minces.

1° Visiter l'installation d'une laiterie.

2° Visiter une ferme où il n'y a pas de laiterie. Voir dans l'une et dans l'autre comment on traite le lait et le beurre.

3° Examiner dans quel endroit il conviendrait d'installer une laiterie, en visitant une ferme qui n'en possède pas.

Beurre et Fromage.

Le beurre et le fromage sont produits par le lait. Ils constituent une précieuse ressource dans l'alimentation et ils sont, en outre, l'objet d'un commerce important.

C'est la crème qui nous donne le beurre. Pour obtenir beaucoup de crème et d'excellente qualité, il importe non seulement d'avoir une laiterie bien installée, mais encore d'employer pour contenir le lait des vases peu profonds et très larges à la partie supérieure. La crème arrive plus vite et plus abondante à la surface. Dans des vases étroits et élevés, elle n'aurait pas le temps de monter complètement avant que le lait soit épaissi.

Pour faire le beurre, il est avantageux de ne battre que la crème, puisque seule elle donne le beurre.

Par le battage, qui se fait dans des barattes remplies à moitié environ, les *globules* de matière grasse *se soudent* ensemble pour former une masse d'un jaune paille et d'une odeur spéciale qui est le beurre. Cette opération doit se faire à une température de 12 à 15 degrés, c'est-à-dire le matin ou le soir, en été, au milieu du jour, en hiver.

Pour donner au beurre toutes ses qualités, il faut faire couler le lait de beurre, puis on le lave à grande eau dans la baratte, jusqu'à ce que le liquide sorte absolument clair. Enfin on le *pétrit* pour en chasser tout le petit lait et les bulles d'air qu'il renferme.

Tous les *ustensiles* qui servent à la fabrication du beurre doivent être lavés à l'eau bouillante, repassés à l'eau froide, séchés à l'air. La plus grande propreté s'impose aux personnes qui le travaillent.

Le caillé du lait est employé à faire le fromage. S'il est employé sans crème, il forme les fromages maigres. Si on laisse une partie de la crème dans le caillé, on obtient des fromages demi-gras. Les fromages gras renferment toute la crème. Pour fabriquer ces derniers, on n'attend pas que le lait se sépare en crème, caillé, petit lait. On le fait cailler tout frais avec la présure, afin d'emprisonner toute la crème dans le caillé.

Pour quelques espèces de fromage (Roquefort, Gruyère), on fait cuire légèrement le caillé; on ne chauffe pas les autres (Brie, Camembert, Livarot). Le caillé s'égoutte dans un moule percé de trous. Lorsqu'il est un peu dur, on le met sur une planche et on le saupoudre de sel. Enfin, complètement égoutté et salé, on le place dans un lieu obscur, bien aéré, à température égale, où il achève de se faire.

Globules, petits corps ronds; *se soudent,* se collent; *pétrit,* travaille; *ustensiles,* appareils.

Assister à la fabrication du beurre. Examiner si la fermière suit ou non les règles qui précèdent.

La Basse-Cour. La Porcherie.

Oh ! les jolis petits poulets. Ils sont éclos depuis hier et courent autour de leur mère. Voyez comme celle-ci les couvre de ses ailes pour les réchauffer et les protéger !

Ils égaient la basse-cour dans laquelle se trouvent encore des canards, des oies, des lapins.

Les animaux de basse-cour sont un bon produit pour le fermier, ils se nourrissent de toutes sortes de résidus et de grains de peu de valeur et ils rapportent beaucoup.

La poule, comme tous les oiseaux, a deux estomacs. Le premier, placé sous le cou, s'appelle le jabot. Il augmente de volume quand la poule mange. Le second, qui renferme des grains de sable pour broyer des graines, se nomme le gésier.

Les meilleures races sont la race commune, petite, mais *rustique* et excellente pondeuse, et la race de Houdan, qui est *précoce* et d'un engraissement facile.

La poule demande un poulailler propre, sec, bien aéré, et exempt de vermine. Comme vous le savez, elle nous donne ses œufs, ses petits, sa chair, sa plume.

Le canard et l'oie aiment beaucoup l'eau ; on les élève pour leurs œufs, leur viande, leur plume et leur duvet.

Le lapin, qui se nourrit d'herbe pendant l'été, de carottes, de betteraves, de son, d'avoine pendant l'hiver, nous donne sa chair. Son poil est utilisé dans la chapellerie.

A côté de la basse-cour se trouve la porcherie, dans laquelle on élève le porc. Oh ! le vilain animal, vous écriez-vous, comme il pousse des cris désagréables et se roule dans la saleté ! Et cependant ce vilain animal est bien précieux pour tous les ménages. Il utilise pour sa nourriture un grand nombre de produits *dédaignés* des autres animaux et il fait, pour ainsi dire, de la viande avec tout. Il se développe vite, *copieusement* nourri de pommes de terre, d'orge, de glands, et de petit lait. Et si vous voulez le tenir propre en lui donnant une bonne litière et en le lavant de temps à autre, vous verrez qu'il ne se roulera plus dans la fange pour faire disparaître les démangeaisons qui le font souffrir.

Rustique, qui n'est pas difficile, qui vient facilement ; *précoce*, qui vient vite ; *dédaignés*, méprisés ; *copieusement*, abondamment.

Visite à une basse-cour bien tenue ; animaux qui la composent, avec leurs variétés, s'il y a lieu. Leurs habitudes.

Animaux utiles et Animaux nuisibles.

A une époque très reculée, tous les animaux étaient sauvages : ils vivaient en bandes dans les forêts, se faisant la chasse les uns aux autres et se nourrissant quelquefois de la chair de leurs pareils. Peu à peu, l'homme s'est aperçu que certains de ces animaux, comme le bœuf, le cheval, le mouton, le chien, etc., pouvaient lui être utiles ; alors il les a domestiqués, c'est-à-dire qu'il les a habitués à vivre près de lui pour le servir : de sauvages et quelquefois féroces, ces animaux sont devenus doux et fidèles.

Mais il en est d'autres qu'il n'a pu s'attacher et dont le caractère sauvage est resté sauvage. La plupart sont les ennemis de l'homme, et les plus **redoutables** dans nos régions, ce sont les plus petits.

Les chenilles, les limaces, les hannetons dévorent nos légumes et les feuilles de nos arbres. Les fourmis, les pucerons, et quantité d'autres petits insectes, s'attaquent aux plantes et les font périr. Les vers blancs, cachés dans la terre, rongent les racines et les coupent. Les mulots, les rats, les souris s'attaquent aux blés, aux noix, aux pommes. Des insectes **minuscules,** comme le charançon, percent l'enveloppe du froment et vident le grain en se nourrissant de la farine qu'il contient.

L'homme ne pourrait jamais se débarrasser de tant d'ennemis, s'il n'avait parmi les animaux mêmes des **alliés** qui l'aident à les détruire. Presque tous les oiseaux font une guerre acharnée aux insectes, ils s'en nourrissent et en nourrissent leurs petits. Le crapaud, qu'on se plaît quelquefois à **martyriser** de la façon la plus barbare, mange les limaces. Il en est de même du hérisson. La chauve-souris nous débarrasse des hannetons et des papillons de nuit. La chouette fait la chasse aux mulots et aux souris qui ont été épargnés par la griffe du chat. La coccinelle ou bête à bon Dieu se nourrit de pucerons.

Il serait déraisonnable de traiter nos alliés

comme nos ennemis. Au lieu de dénicher, par exemple, les nids d'oiseaux, il faut les protéger, ainsi que tous les animaux qui nous rendent des services.

Redoutables, qui sont à craindre ; *minuscules*, très petits ; *alliés*, qui nous aident ; *martyriser*, tourmenter.

1º Arrivée et départ des hirondelles et des autres oiseaux migrateurs.

2º Le ver-à-soie. Ses métamorphoses.

3º Les abeilles. Leurs produits.

4ª Organiser une petite société pour la protection des animaux utiles, et, en particulier, pour le respect des nids.

Quelques Insectes nuisibles.

Les espèces d'insectes nuisibles sont extrêmement nombreuses. Nous nous bornerons à signaler les plus connues.

Le hanneton est peut-être le plus redoutable de tous. Il fait son apparition fin mai et vit sur les arbres, dont il dévore les feuilles. Mais ce n'est pas à l'état de hanneton qu'il cause encore le plus de ravages. Avant de périr, la femelle creuse dans le sol un trou de 20 à 30 centimètres dans lequel elle dépose ses œufs. Cinq ou six semaines après, ces œufs donnent naissance à des larves connues sous le nom de vers blancs, turcs ou mans. Les vers blancs passent trois ans dans le sol avant de se transformer en hannetons, et pendant ce temps ils vivent aux dépens des racines des plantes.

Pour atténuer leurs ravages, on pratique des irrigations qui noient les larves, les déchaumages qui les font périr au soleil. De tous ces moyens, le plus efficace est encore le hannetonnage. Tous les matins, alors que les hannetons sont encore engourdis par le froid de la nuit, on secoue les branches des arbres, les insectes tombent comme une pluie; on les recueille et on les plonge dans une cuve de lait de chaux. Tous ceux qui se livrent à cette opération rendent d'immenses services à l'agriculture.

Les charançons se distinguent par la longueur de leur *rostre*, ce qui leur fait donner le surnom de porte-becs. L'anthonôme ou charançon des fleurs vit sur le pommier ou le poirier. On secoue les arbres avant et après la floraison et on le recueille sur un drap pour le faire périr.

Les chenilles ou larves des papillons doivent être détruites soit en enlevant à la main, soit en flambant les anneaux d'œufs et les bourses de **chrysalides** déposés sur les branches.

Les guêpes et les fourmis se détruisent à l'eau bouillante ou pétrolée.

Les pucerons, et surtout le puceron **lanigère**, produisent quelquefois des plaies chancreuses sur les arbres. On donne un lait de chaux aux jeunes plants pour les préserver. On nettoie les plaies de ceux qui ont été attaqués, on les lave et on les recouvre d'un onguent approprié.

L'emploi d'un bon assolement entrave la propagation des insectes en leur enlevant chaque année leur culture de prédilection. Le purin pérrolé au 200ᵉ est un *insecticide* puissant et il ne nuit pas aux cultures. Les bandes de poules que l'on mène dans les champs lors des labours, avec un poulailler roulant, en détruisent un grand nombre. Enfin les animaux insectivores, comme les chauves-souris, les musaraignes, les hérissons, les crapauds, les petits oiseaux, fauvettes, mésanges, martinets, hirondelles, etc., leur font une guerre acharnée. Sans eux, et quoi que nous fassions, les insectes nuisibles se multiplieraient à l'infini, rendant toute culture impossible. Que chacun se le dise : toutes les fois que l'on tue un de ces animaux, on supprime un ami pour laisser la vie à une multitude d'ennemis.

Rostre, sorte de bec allongé ; *chrysalides*, état de la chenille avant de devenir papillon ; *lanigère*, couvert d'un duvet laineux ; *insecticide,* qui tue les insectes.

1º Métamorphoses du hanneton.

2º Pratiquer le hannetonnage le matin, avant l'école.

3º Reconnaître l'anthonôme, le recueillir en secouant les pommiers.

4º Faire une collection d'insectes.

VII

HORTICULTURE

—

Le Jardin.

Il n'est rien de si utile pour une famille qu'un gai jardin, où poussent de beaux légumes et où mûrissent d'excellents fruits. Non seulement le jardin contribue au bien-être de la famille, mais il en est la distraction et le délassement.

Il faut, autant que possible, choisir l'emplacement de son jardin exposé au sud-est. On l'entoure de murs ou de haies pour le mettre à l'abri des maraudeurs et le protéger contre les mauvais vents. Il va sans dire que les murs sont la meilleure clôture. Tandis que les haies abritent les ravageurs des jardins, insectes et limaces, les murs, plus propres, peuvent être utilisés pour les *espaliers* et ils activent la végétation des plantes qui sont au pied.

On protège encore les légumes et on rend leur végétation plus rapide à l'aide de paillassons, de châssis, de cloches, de *serres*.

Les outils et ustensiles les plus communs du jardinage sont la bêche, le rateau, la binette, le plantoir, le sécateur, les cisailles, l'*égohine*, la serpette, le greffoir, la brouette, l'arrosoir.

Si l'on a affaire à un sol neuf, il faut le défoncer à une profondeur de 0^m,50 à 0^m,60 pour les légumes, de 0^m,80 à 1 mètre pour les arbres. Il faut avoir soin d'enlever les pierres et les débris de végétaux que l'on rencontre. L'époque la plus favorable pour ces défoncements est l'hiver, alors que les gelées divisent et ameublissent la terre.

Lorsque le défoncement est terminé, on procède au tracé des allées du potager.

On leur donne une forme bombée pour permettre aux eaux de pluie de s'écouler facilement ; les allées sont ainsi toujours saines et propres.

La plupart des plantes cultivées comme légumes peuvent être rangées en trois catégories :

1° Les plantes cultivées pour leurs feuilles ;

2° Les plantes cultivées pour leurs racines, leurs bulbes ou leurs tubercules ;

3° Les plantes cultivées pour leurs graines.

Cette classification est importante, car nous verrons bientôt qu'elle nous permet de conduire avec méthode et avec économie l'assolement du potager.

Potager, jardin où l'on cultive les légumes ; *espaliers*, arbres dont les branches se développent le long d'un mur ; *serres*, chambres de verre qui retiennent la chaleur ; *égohine*, petite scie droite.

1° Montrer dans le jardin de l'école les avantages des paillassons, des châssis, des cloches.

2° Faire remarquer l'exposition du jardin et sa distribution.

Le Jardin potager. Classification des Légumes. Assolement du Potager.

Les légumes cultivés pour leurs feuilles, comme les choux, les salades, demandent un sol abondamment pourvu de fumier frais et des arrosages fréquents.

Les plantes cultivées pour leurs racines, leurs *bulbes*, leurs *tubercules*, comme la carotte, l'oignon, la pomme de terre, le salsifis, le navet, redoutent, au contraire, le fumier frais, qui développe leurs feuilles au détriment de leurs racines.

Les pois, les haricots, les lentilles appartiennent à la troisième catégorie et sont cultivés pour leurs graines. Ces légumes puisent une partie de leur nourriture dans l'air dont ils s'assimilent l'azote. Un terrain trop fumé produirait les inconvénients que nous avons déjà signalés pour les légumes à racines. On se contente d'incorporer à la terre une certaine quantité de cendres de bois qui procure à la plante la potasse dont elle est très avide.

La même plante, cultivée plusieurs années de suite sur le même terrain, finit par *dégénérer*. Il est donc nécessaire d'*alterner* les cultures. D'après les indications qui précèdent, la rotation ou alternance des cultures est encore indispensable, si l'on veut que l'état de fumure de la terre réponde aux exigences de chacune.

Le terrain du potager est divisé en trois parties ou soles.

Dans la première sole qui a reçu une forte dose de fumier, on cultive les légumes à production foliacée, les choux, les salades, etc.

La deuxième sole, qui portait l'année précédente les légumes cultivés pour leurs feuilles, reçoit les plantes dont on utilise les racines ou les tubercules, les carottes, les pommes de terre. Cette sole ne reçoit pas de fumier pour les raisons que nous avons indiquées plus haut.

La troisième sole, qui était plantée, l'année précédente, de carottes, d'oignons, etc., est consacrée aux légumes cultivés pour leurs graines : les fèves, les pois, etc.

Comme pour la sole précédente, le terrain destiné à ces plantes ne reçoit pas de fumier, car il en reste encore suffisamment de la première sole, mais on introduit dans la couche arable de la cendre de bois qui donne au végétal la potasse dont il a besoin.

Cet assolement est de trois ans. Il est méthodique et économique. Les cultures reviennent dans le même sol à intervalles réguliers et il ne comporte aucune déperdition ni gaspillage d'engrais.

Bulbes, renflements de la racine de certaines plantes, comme l'oignon, l'ail ; *tubercules*, renflements de la tige souterraine de la pomme de terre ; *dégénérer*, perdre ses qualités ; *alterner*, changer.

1º Examiner l'assolement du jardin et voir s'il est conforme aux données qui précèdent :

2º Mettre sous les yeux des élèves les graines des plantes cultivées dans le jardin, les leur faire reconnaître.

Le Jardin potager et fruitier.

Les semis se font à la volée ou en lignes. A la volée, malgré le soin qu'on y apporte, les graines ne sont pas réparties uniformément et l'on est bientôt obligé d'éclaircir, c'est-à-dire d'enlever les plants trop nombreux, afin de permettre aux autres de croître et de prospérer. Les semis en lignes sont préférables. Les plantes sont mieux espacées et mieux aérées ; elles se prêtent mieux aux binages et aux buttages ; elles croissent avec plus de vigueur et de régularité.

L'action de transplanter les plantes s'appelle le repiquage. Il est bon de mettre le moins d'intervalle possible entre l'arrachage et le repiquage, afin que les racines ne se dessèchent pas trop. Cette opération se fait, autant que possible, par un temps couvert et les jeunes sujets doivent retrouver un terrain bien préparé et bien engraissé.

Les binages brisent la *croûte* du sol, en ameublissant la surface, et y font pénétrer l'air et la chaleur. C'est par un temps sec qu'il faut les multiplier, car on dit qu'un binage vaut un arrosage.

Les sarclages débarrassent les cultures des mauvaises plantes.

L'eau qui sert aux arrosages doit être bien

aérée. Pendant la saison chaude, il faut arroser le soir, l'eau se trouve alors à une température sensiblement égale à la température des plantes et la fraîcheur se maintient toute la nuit. Au printemps et à l'automne, il convient d'arroser le matin, par crainte des gelées. Il vaut mieux arroser moins souvent et le faire chaque fois copieusement, de façon que l'eau entre à une profondeur de 0^m,30 à 0^m,40.

Les arbres du jardin peuvent être divisés en trois catégories, suivant qu'ils donnent des fruits à pépins, des fruits à noyaux ou des fruits à baies.

On est obligé, le plus souvent, d'avoir recours au *pépiniériste* pour avoir dans chaque catégorie les variétés que l'on désire. Mais il faut avoir soin de ne pas prendre ses sujets dans un terrain trop humide, de peur que les racines ne se dessèchent après la transplantation. Les sujets doivent avoir la peau *lisse* et bien fermée et les racines abondantes.

La plantation se fait pendant le repos de la sève, en novembre pour les terrains légers et meubles, en mars pour les terrains froids.

Avant de planter des arbres, il faut procéder à leur habillage, c'est-à-dire qu'il faut supprimer les racines cassées par l'arrachage ou le transport et tailler les branches.

Pour la taille des arbres et la forme qu'on veut leur donner, les leçons pratiques du jardin valent mieux que les règles les mieux établies, mais qui restent à l'état de théorie. C'est donc au jardin seulement que l'on est à même d'apprendre tout ce qui concerne la culture des arbres à fruits.

Croûte, surface durcie par une pluie battante et la sécheresse; *pépiniériste*, jardinier qui élève des pépinières; *lisse*, unie et brillante.

1° Exécuter divers travaux de jardinage : sarclage, binage, buttage.
2° Planter des laitues, des choux, des poireaux.
3° Planter des arbres fruitiers.
4° Pratiquer les différentes greffes et la taille.

TABLE DES MATIÈRES

Avant-Propos.................................... 5

I. — Résumé d'Agriculture.

Sol. Sous-Sol............................. 7
Travaux des Champs......................... 8
Amendements................................ 9
Engrais.................................... 10
Culture du Sol............................. 14
Les Semailles.............................. 15
Récoltes................................... 16
Animaux domestiques........................ 18
Notions d'Horticulture..................... 19

II. — Notions Préliminaires.

Tenue de la Ferme.......................... 23
La Vie des Plantes......................... 25
L'Air...................................... 27
L'Eau. Brouillards. Nuages. Rosée.......... 28
Glace. Gelée. Neige. Grêle................. 31

III. — Sol et Sous-Sol.

Éléments du Sol arable..................... 33
Amélioration du Sol au moyen du Sous-Sol : Défoncements. 35
Irrigation et Drainage..................... 37

IV. — Amendements et Engrais.

Le Carbone et l'Acide carbonique........... 40
Amendements calcaires...................... 42
Nécessité des Engrais. Éléments à restituer. 44
Les Engrais végétaux....................... 46
Les Engrais animaux........................ 48
Les Fumiers et leur Composition............ 51
Soins à apporter au Fumier et au Purin..... 53
Les Engrais minéraux azotés................ 55
Les Engrais minéraux phosphatés............ 57

Les Engrais minéraux potassiques et les Engrais calcaires.... 59
Achat des Engrais chimiques. Loi du 4 février 1888. Les Syndicats agricoles.................................... 62
Choix des Engrais suivant les Cultures et les Terrains...... 64

V. — Principales Cultures.

Choix des Plantes de Culture et de l'Assolement.......... 68
Choix des Semences et Ensemencements.................. 70
Fourrages dérobés 73
Culture du Blé....... 75
Céréales de printemps.................................. 78
Avantages des Plantes sarclées. Culture de la Pomme de Terre.. 80
Culture des Betteraves et des Carottes................... 82
Culture des Choux, du Sarrazin.......................... 85
Prairies naturelles. Création et Entretien................. 87
Prairies artificielles 90
Plantation du Pommier 92
Soins à apporter au Pommier. Ses Parasites........ 94
Les Ferments du Cidre. Récolte des Pommes............. 96
Fabrication du Cidre................................... 98

VI. — Animaux de la Ferme. Leurs Produits.

Le Bétail à l'Étable 101
Le Cheval et le Bœuf.................................. 103
Choix d'une Vache laitière et soins à lui donner.......... 105
Le Lait. La Laiterie................................... 107
Beurre et Fromage..................................... 109
La Basse-Cour. La Porcherie........................... 111
Animaux utiles et Animaux nuisibles..................... 113
Quelques Insectes nuisibles............................. 115

VII. — Horticulture.

Le Jardin 118
Le Jardin potager 120
Le Jardin potager et fruitier............................ 122

Rennes, imp. Fr. Simon (3142-97).